Cal Newport

[美]卡尔·纽波特 著 欧阳瑾 方淑荷 译

Digital Minimalism

Choosing a focused life in a noisy world

数字极简

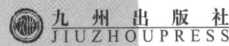
九州出版社
JIUZHOUPRESS

图书在版编目（CIP）数据

数字极简/(美)卡尔·纽波特著；欧阳瑾，方淑荷译. -- 北京：九州出版社，2023.10
ISBN 978-7-5225-2126-8

Ⅰ.①数… Ⅱ.①卡… ②欧… ③方… Ⅲ.①人生哲学－通俗读物 Ⅳ.①B821-49

中国图家版本馆CIP数据核字(2023)第172158号

Copyright © 2019 by Calvin C. Newport
All rights reserved including the right of reproduction in whole or in part in any form. This edition published by arrangement with Portfolio, an imprint of Penguin Publishing Group, a division of Penguin Random House LLC.

著作权合同登记号：01-2023-3493

数字极简

作　　者	［美］卡尔·纽波特 著　欧阳瑾　方淑荷 译
责任编辑	王　佶
地　　址	北京市西城区阜外大街甲35号（100037）
发行电话	（010）68992190/3/5/6
网　　址	www.jiuzhoupress.com
印　　刷	天津雅图印刷有限公司
开　　本	889毫米×1194毫米　32开
印　　张	8.5
字　　数	185千字
版　　次	2023年10月第1版
印　　次	2024年4月第1次印刷
书　　号	ISBN 978-7-5225-2126-8
定　　价	52.00元

★ 版权所有　侵权必究 ★

谨以此书，献给茉丽：

你是我的爱人、

缪斯女神，

也是

我的理性之声

目　录

引　言　　　　　　　　　　　　　　　　　　　　1

第一部分
数字极简主义的基础

第一章　一场不平等的军备竞赛　　　　　　　　13
第二章　何为数字极简主义　　　　　　　　　　35
第三章　实施一场数字清理　　　　　　　　　　63

第二部分
实践数字极简主义

第四章　享受独处　　　　　　　　　　　　　　85
第五章　不要点赞　　　　　　　　　　　　　　123
第六章　重拾闲暇时光　　　　　　　　　　　　157
第七章　加入注意力抵抗运动　　　　　　　　　201

结　语　　　　　　　　　　　　　　　　　　　233
致　谢　　　　　　　　　　　　　　　　　　　239
注　释　　　　　　　　　　　　　　　　　　　241

引 言

2016年9月,颇具影响力的博主兼评论员安德鲁·沙利文(Andrew Sullivan)为《纽约》(New York)杂志撰写了一篇7000字的随笔,题为《我曾为人》(I Used to Be a Human Being)[1]。文章副标题的内容令人担忧:"新闻、流言和图像纷至沓来,将我们变成了狂躁不安的信息瘾君子。这让我失控,你也可能因此崩溃。"

当时这篇文章被人们频繁转发。然而我得承认的是,最初看到此文时,我并没有充分理解沙利文的警告。在我们这一代人里,既没有社交媒体账号,也不想多花时间上网的人寥寥无几,可我正是其中之一。手机在我生活中扮演的是一个相对次要的角色,因此我并没有文章里所讨论的那种体验。换言之,我虽然明白互联网时代的种种新事物正越来越多地侵入普通人的生活,可我对这种情况的意义并没有直观的理解。直到一切都变了。

2016年初我出版了一本书:《深度工作》。在书中,我论述了高度专注的价值被人们低估了,以及职业人士对干扰性通信工具的偏好如何阻碍了人们发挥自己的最佳水平。这本书吸引了不少读者,我开始了解到越来越多读者的心声。有些读者给我发信息,还有些读者则会在公开场合向我提问。许多人所提的都是同一个问题：在个人生活中该怎样面对技术带来的干扰？工作中的干扰固然存在，可生活中的干扰更让人心烦，因为技术带走了生活的意义和乐趣。这种现象既引起了我的注意，也让我突然理解了现代数字生活中的前景和种种危险。

我见过的人几乎都相信互联网的力量，他们都认为互联网理应成为改善生活的工具。他们不一定想放弃谷歌地图（Google Maps）或照片墙（Instagram），但也隐约觉得自己与技术之间的关系似乎难以为继，甚至到了若不作出改变就会崩溃的地步。

在谈到现代数字生活时，我经常听到的一个词——疲于应付。当然这并不是指责某一个应用程序或网站。问题在于有太多精彩纷呈的小玩意儿不断吸引着人们的注意力，操纵着他们的情绪，这种情况究竟会带来怎样的影响？人们沉迷这些小玩意儿所带来的问题，其实并不在于小玩意的具体内容，而在于这种沉迷正越发失去控制。虽然没有人愿意花那么多时间上网，可网络交流工具却自有办法培养人们的成瘾性行为。查看推特（Twitter）或者刷新红迪网（Reddit）的强烈欲望会变成一种紧张不安的感觉，从而把原本连续的时间分割成了碎片，并且短暂得不足以维持有意义的生活。

正如我在研究中发现的那样，在这些令人上瘾的特性当中，固然有一部分属于意料之外（很少人能预料到，收发短信就能强烈吸引人的注意力），但多数完全是有意为之的（强迫性使用行为是很多社交媒体商业模式的根基）。但不管是否出于有意，电子屏幕媒体不可抗拒的吸引力都会让人们觉得自己在分配注意力这件事上正放弃越来越多的自主权。当然,没有人使用社交媒体是为了陷入这种失控的局面。人们下载应用、注册账号时,原本都有充分的理由。可讽刺的是,最终却发现这些服务开始背离它们一开始提出的种种具有吸引力的价值观。比如,有人注册脸书(Facebook)账号是为了与全国各地的朋友们保持联系,后来却发现自己已经无法与朋友进行一次面对面不间断的交谈。

我还发现不加节制的上网对心理健康产生的危害。我采访过的许多人都认为社交媒体具有操纵情绪的能力。一直看到朋友们精心展示的生活状态,会让人产生自卑感,尤其是在自己已经消沉的时候。对于青少年来说,社交媒体还会残酷而有效地让他们遭受公开排挤。

此外,正如2016年美国总统大选及其结果所表明的,网络讨论似乎会让人们加速走向情绪激动和精疲力竭两个极端。科学哲学家杰伦·拉尼尔(Jaron Lanier)令人信服地指出[2],从某种意义来说,生气与愤怒的情绪在网络上盛行,正是这种媒体的必然特征:在一个争夺注意力的开放市场上,相较于积极、建设性的思想,较为阴暗的情绪更能吸引眼球。沉迷网络的人反复与这种阴暗情绪互动,有可能产生令人疲惫的消极情绪——一种高昂的代价,可许多人甚至不会意识到这是为强迫性上网所付出的。

这一大堆令人烦恼的问题(过度使用带来的疲于应付和上瘾,以及自主性减少、幸福感降低、激起种种阴暗本能,还有分散我们进行重要活动的精力）让我眼界大开，看清了主导当今文化的技术与人类之间存在着一种让人担忧的关系。换言之，这种情况让我更好地理解了安德鲁·沙利文在《我曾为人》中痛惜的究竟是什么。

■　■　■

与读者交谈的经历让我确信，深入探究技术对个人生活造成的影响充满意义。于是，我开始以更认真的态度研究并撰文讨论这一主题，并想要找到一些既能从新的技术中获益，又不会陷入失控的例子。[①]

在探究的过程中，我首先明白了一件事：文化与工具之间的关系是错综复杂的，因为工具的益处和坏处交织在一起。智能手机、无所不在的无线网络、连接数十亿人的数字平台的确都是成功的创新。很少有严肃的评论家会认为，让生活倒退至更早的技术时代会带来更加美好的体验。但与此同时，人们又厌倦了自己仿佛变成数字设备的奴隶。这导致了一种情感的混乱——我们既为在照片墙上发现鼓舞人心的照片而感到高兴，同时又感到烦

---

① 也许有些人会认为，没有丰富的互联网经验会让我的结论变得不可信。而针对我的公开倡议，一个最常听到的反对意见就是："如果你从未使用过，又怎么能去批评社交媒体呢？"这种说法虽有一定的道理，但早在 2016 年开始这项研究的时候，我就认识到，局外人身份也可能有利于我以一种全新的视角来看待技术文化，或许我能更好地将假设与事实、操纵与有意义的使用区分开来。

恼不安,因为使用它侵占了晚上我们原本用于跟朋友聊天或读书的时间。

对于这种局面,最普遍的反应就是采纳一些温和的做法。例如遵守"数字休息日"守则,晚上不带手机上床,或者关闭消息通知并且下定决心专注,从而在获得新技术的益处时将其不利影响降至最低。我很理解这类温和手段的吸引力,因为你无须对自己的数字生活做出艰难的取舍,不必放弃任何东西,不必错失任何益处,不必惹恼任何朋友,也不必忍受任何严重的不便之处。

但尝试过这些温和矫正方法的人却会明白,仅凭意志、提醒和含糊不清的决心,并不足以遏制新技术对认知领域的入侵。蕴于其设计中的成瘾性、推动其流行的文化压力都太过强大,使得任何一种凑合的方法都不可能获得成功。在研究这一主题的过程中我越来越相信,其实我们需要的是一种*成熟的技术使用理念*,让它植根于你的深层价值观之中,为你解决如何选择工具及如何利用工具的问题,同样,让你自信地忽略掉其他不需要的一切。

有很多理念符合这些目标。其中的一个极端是主张摒弃大多数新技术的"新卢德主义"[①]。另一个极端,则是"量化自我"

---

① 新卢德主义(Neo-Luddism),指 20 世纪末一种反对现代技术的哲学思想。卢德运动兴起于 19 世纪初的英国,当时的卢德分子主要反对广泛使用的自动织布机,它造成了众多有技术的纺织工人失业。新卢德主义不是主张直接与机器进行对抗,而是反对由机器构建起来的整个工业体系,乃至整个工业文明社会。——译者注

（Quantified Self）者所奉行的理念，他们将数字设备引入生活时非常谨慎并以优化生活本身为目标。然而，在我研究过的不同理念当中，有一种尤其突出。对希望在眼前这个技术过载时代里全面发展的人来说，这种理念也无疑是最佳答案。这就是"数字极简主义"（digital minimalism），它将"少即是多"的信条应用于我们与数字工具的关系之中。

这种理念并不是新出现的。早在亨利·戴维·梭罗（Henry David Thoreau）发出"简朴、简朴、再简朴"的疾呼以前，[3] 马可·奥勒留①就曾发问："你是否发现，你几乎不必做什么，就可以过上一种满足而令人羡慕的生活？"[4] 数字极简主义就是将这一经典智慧稍作改变，用来解决现代生活中的技术问题。看似简单的改变，却有可能带来极其深远的影响。在本书中，你将看到许多数字极简主义者的榜样：通过毫不留情地减少上网时间，将精力集中在少量更具价值的活动上，带来了巨大的积极变化。由于数字极简主义者的上网时间远少于同龄人，旁人很容易觉得他们的生活方式非常极端，可数字极简主义者却会认为这类看法陈旧落后——这么多人浪费时间盯着屏幕，才是真正的极端。

数字极简主义者们已经认识到，在这个高科技时代里获得成长和发展的关键，就在于大幅减少使用技术的时间。

---

① 马可·奥勒留（Marcus Aurelius，121—180），古罗马帝国皇帝、哲学家，著有《沉思录》。——译者注

本书的目标有二：一是解释倡导数字极简主义的理由，包括这种理念的目标和它有效的原因；二是在你已经确定数字极简主义适合自己的情况下，教你如何去践行这种理念。

因此，我将本书分成了两个部分。在第一部分，我将探究数字极简主义的哲学基础，审视正在让数字生活变得日益糟糕的各种力量，然后对数字极简主义进行详细探讨并解释为什么数字极简主义是我们面临的问题的正确解法。

在第一部分的结尾，我还提出了应用这种理念的具体建议，即数字清理（the digital declutter）。你需要采取积极的行动，才能彻底改变你与技术之间的关系。而数字清理正是这样的积极行动。

这一过程要求你远离可有可无的网上活动30天。在此期间，你将打破数字工具的成瘾周期，重新发现一些能够为你带来深层次满足的活动。你可以散步，可以跟朋友面对面聊天，可以参与社区活动，可以看书，也可以仰头观察云彩。最重要的是，清理过程还会为你腾出内心的空间，让你能够更好地理解自己珍视的事物。度过这30天之后，你就可以在生活中重新加入少量经过仔细挑选的线上活动了——条件是这些活动可以给你真正重视的事物带来巨大的好处。下一步，你应当努力把这些有目的的活动变成数字生活的核心，而把大多数干扰性的行为抛下，因为它们不仅会让你的时间变得支离破碎，还会分散注意力。数字清理会发挥一种令人震撼的"重置"作用:开始这个过程时,你还是身心俱疲的极繁主义者(maximalist),可完成"清理"之后,你却会变身为目标明确的极简主义者(minimalist)。

在第一部分的最后一章中,我将引导你逐步实施数字清理。这个过程将借鉴我在 2018 年初冬进行的一项实验。在实验中,1600 多位参与者自愿在我的指导下进行了数字清理,并反馈了自己的体验。你将听到这些参与者的故事,了解到哪些策略对他们效果很好,以及哪些他们碰到的陷阱你应当避开。

本书的第二部分会聚焦一些观念,它们能帮你培养可持续的数字极简主义生活方式。在各章中,我们将逐一审视独处的重要性、培养高质量休闲习惯的必要性等问题,从而改变将大多数时间浪费在数字设备上的现状。我会坚持一种可能有争议的观点:如果你不再为别人点赞或在帖子下面评论,同时减少用短信与人联系,反而会改善你的人际关系。我还会谈及注意力抵抗运动(attention resistance)——一场组织松散的个人运动,参与者遵循严格的规则来使用高科技工具,为了既能从数字注意力经济中获得益处,又避免成为强迫性使用的受害者。

第二部分在每章的结尾都提供了一系列的实践方法,旨在帮助你按照每章提出的观念采取具体的行动。身为未来的数字极简主义者,你可以把第二部分中的实践方法当成一个"工具箱"。它们的目的就是帮你建立一种适合你所处环境的极简主义生活方式。

■ ■ ■

在《瓦尔登湖》中，梭罗有一句名言："大多数人都悄无声息地过着绝望生活。"[5] 然而，这句话之后乐观的辩驳，却不常为人引用：

> 他们相信自己别无选择。可清醒、健康之人都会记得，太阳亘古常新。抛弃我们的偏见，永不为迟。[6]

眼下我们与这个"超联结"世界中各种技术之间的关系，既是不可持续的，也正在导致我们逐渐陷于梭罗所称的"悄无声息的绝望生活"。不过，梭罗还提醒："太阳亘古常新"，我们仍然有能力改变这种状况。

要想做到这一点，就不能被动地任由互联网时代的各种工具、娱乐和消遣掌控我们的时间和感觉。我们必须采取措施，既汲取这些技术的精华，又摒弃它们的糟粕。我们需要一种理念——重新以志向和价值观来指导自己的日常生活，同时打破自己的原始冲动和硅谷商业模式对生活的控制；接纳新技术，但不以安德鲁·沙利文提到的"人性丧失"为代价；让长远的人生意义优于短期的满足感。

换言之，我们需要的就是数字极简主义。

第一部分

数字极简主义的基础

第一章

一场不平等的军备竞赛

这不是我们注册账户的目的

我还记得第一次知道脸书时的情景。当时是 2004 年春天，我正在上大学四年级，开始注意到越来越多的朋友都在谈论一个叫作脸书的网站。而第一个给我看脸书个人资料的是茱丽，那时她还是我的女朋友，而如今已成了我的夫人。

茱丽回忆："当时的脸书可是一桩新奇事物。它就像是虚拟版的学校新生目录，可以用来八卦熟人的男女朋友。"

这段记忆中的关键词就是"新奇"。脸书问世之时，并没有迹象表明它将彻底颠覆我们的社交方式和生活节奏，它当时不过是众多消遣中的一种。在 2004 年的春天，我的朋友们玩"泡泡怪"[①]小游戏的时间，无疑大大超过了他们修改脸书个人主页或

---

① Snood，一款类似于俄罗斯方块的益智游戏，曾风靡一时。

者点进朋友主页的时间。

"脸书很有意思,"茱丽回想,"但当时它并不像是会让我们投入大量时间的东西。"

3年之后,苹果公司推出苹果手机(iPhone),引发了手机领域的一场革命。然而许多人却并不记得,那场"革命"起初所预示的影响,其实要比它最终带来的温和得多。在当下,智能手机能让人们始终都与一个嘈杂、充满干扰信息的网络连接起来,重塑了人们对于整个世界的体验。2007年1月,当史蒂夫·乔布斯(Steve Jobs)在苹果大会(Macworld)那场著名的主题演讲中首次展示苹果手机时,未来的图景远没有那么宏伟。

第一代苹果手机的主要卖点之一,就是它集苹果数字媒体播放器和手机于一体,让你不必再随身携带两种不同的设备(我还记得苹果手机首次发布时,能想到的好处就是这一点)。因此,当乔布斯在演讲台上展示苹果手机时,前8分钟他都在介绍这款手机的媒体功能,然后总结说:"这是我们最完美的一款苹果音乐播放器!"[1]

第一代苹果手机的另一个主要卖点是它使用多种方法改善了用户接听电话时的体验。当时的一则重磅新闻称苹果迫使美国电信公司(AT&T)开放了语音信箱系统,以便为苹果手机提供更好的界面。演讲台上的乔布斯显然也为这款手机用上下滚动的方式来浏览电话号码的简便性着迷,并且拨号键显示在手机屏幕上，不再需要塑料按键。

"它有个绝佳的应用，就是打电话！"乔布斯在掌声中大声说道。[2] 直到那场著名的演讲到了第 33 分钟，他才开始强调手机的另一些功能，比如改进了短信收发和接入移动互联网的便捷性——这些功能如今已经主宰着我们使用移动设备的方式。

我想知道这种视野上的局限性是不是乔布斯演讲稿中的偶然失误，因此采访了第一代苹果手机研发团队的成员——安迪·格里尼翁（Andy Grignon）。"我们原本就是要设计一台能够打电话的苹果音乐播放器，"他证实，"我们的核心任务，就是将音乐播放和打电话两种功能合为一体。"[3] 接着，格里尼翁解释道，对于让苹果手机变成一台通用型移动电脑，可以运行第三方应用程序的观点，乔布斯起初不屑一顾。有一次，乔布斯对格里尼翁说："想要我们允许某些笨蛋程序员写的代码让苹果手机崩溃，还是等到他们要打 911 报警的时候吧。"

2007 年苹果手机首发时，还没有应用商店（App Store），没有社交媒体的信息通知功能，也没有快速拍照并上传到照片墙这样的功能，而我们也没有理由在晚餐时偷偷瞥上十几遍手机——对于乔布斯本人以及当时购买了第一台智能手机的数百万人来说，这绝对是一件好事。与早期的脸书用户一样，当时几乎没人预料到在接下来的数年里，我们与这些迷人的新奇工具之间的关系会发生突变。

■ ■ ■

人们普遍认为，社交媒体和智能手机之类的新技术已经极大地改变了 21 世纪的生活方式。社会批评家劳伦斯·斯科特（Laurence Scott）就相当准确地描述了这些变化：现代的"超联结"存在方式"若是只存在于自身之中，即使片刻都会平淡得出奇"。[4]

斯科特强调的是许多人早已遗忘的一点：这些变化除了声势浩大、具有颠覆性以外，还出乎意料。2004 年注册脸书账号来寻找同学的大学毕业生可能从未料到：当今一个普通用户每天花在社交媒体及相关信息服务上的时间竟然多达 2 个小时，其中近半数完全花在脸书公司的产品上。同样，一个在 2007 年因音乐播放功能而购买苹果手机的人，若是得知在未来的 10 年里，自己每天都可能强迫性地查看手机 85 次，可能当时的购买热情就不会那么高了。乔布斯在准备那场著名演讲时，也绝对没有考虑到这样的情况。

还不等我们有机会从中抽身出来，问一问在过去 10 年的快速发展中自己真正想得到的是什么，这些变化就悄无声息地席卷了世界。我们因为一些小事而将新技术应用在生活的无关紧要之处。可在某天早上醒来之后，却突然发现新技术已然入侵了日常生活的核心。换言之，我们注册这些数字工具的目的，原本并不是为了让自己陷入眼下这种困境，我们就像是一不小心，向后跌入了其中。

在围绕这些工具展开的文化对话中,这个细节经常被人们忽视。依我的经验来看,在公开讨论对新技术的各种担忧时,为新技术辩护的人往往会急切反驳,把讨论引向技术的实用性——他们会举一些例子,例如一名处在困境中的艺术家通过社交媒体找到了观众,[1] 或者应用程序 WhatsApp[2] 让一名派驻国外的士兵联系到了家人。接着他们得出结论:以没有用处为理由来摒弃新技术是不对的。这样辩解往往能有效结束争论。

新技术辩护者的主张并没有错,只是他们没有抓住问题的关键。让我们警惕的并不是这些工具的实用性。如果你问一位社交媒体用户究竟为何要用脸书、照片墙或推特,他们都能给出一些合情合理的答案。这些工具中的任何一种,都可能给他们提供了某种实用而难以替代的功能。例如,让他们能够随时看到侄子们的照片,或者通过话题标签去关注一场草根运动。

在具体的个案中,令我们不安的根源并不明显。只有看到这

---

[1] 这个例子源自我的亲身经历。2016 年秋,我参加了加拿大广播公司(CBC)的一个全国性广播节目,讨论我为《纽约时报》(*New York Times*)撰写的一篇专栏文章;在其中,我质疑了社交媒体给职业发展带来益处的观点。访谈一开始,主持人就请来了一位神秘的嘉宾参与讨论,让我非常吃惊——一位通过社交媒体来推广作品的艺术家。但非常滑稽的是,访谈进行不久,那位艺术家便(主动)承认社交媒体让他的精力过于分散,如今他必须长时间停用它才能完成作品。

[2] 一款用于智能手机通信的应用程序。因暂无中文译名,故文中保留英文原名。——编者注

些技术作为一个整体如何背离我们使用它们的初衷时，我们才能找出问题的根源。它们逐渐掌控了我们的行为方式和感受，迫使我们过度地使用，远远超过了正常的程度——为此牺牲了我们觉得更有意义的其他活动。换句话说，让我们不安的正是这种失控感。这种感受在生活中时刻上演，例如在给孩子洗澡时忍不住分神刷手机，在享受美好时光时难以抑制向虚拟观众分享的冲动。

因此，问题不在于实用性，而在于自控。

自然，下一个显而易见的问题就是为什么我们会陷入这种困境？据我的经验，绝大多数沉湎于网络生活的人并非意志薄弱或不聪明。相反，他们往往是成功的专业人士、勤奋的学生和慈爱的父母——做事有条理，并且习惯于追求远大的目标。可不知何故，应用程序和网站却总在手机和平板电脑屏幕的背后诱惑着他们（与他们每天成功抵挡的众多诱惑相比，这种诱惑显得非常独特），并且成功脱离它们原本应当扮演的"健康"角色。

出现这种情况的主要原因在于，其实很多新工具并不像看上去那样"清白无辜"。人们沉迷数字设备，并不是因为懒惰，而是因为有人投入数十亿美元巨资让他们不得不这样做。我们看起来是不小心向后跌入了这种数字生活，然而更准确地说我们是被终端数字设备公司和注意力经济企业强行推入了这种生活——他们发现在新工具和应用程序主宰一切的文化中，自己可以大发横财。

穿着 T 恤的烟农

比尔·马赫[①]在美国家庭影院频道（HBO）主持节目《真实时刻》（*Real Time*）时，每一集总以一段独白来结束。这段话的主题通常都与政治有关。在 2017 年 5 月 12 日的节目最后，马赫却一反常态，看着镜头说：

> 社交媒体大亨们必须撕下面具，别再伪装成态度友善、创造美好世界的高智商神灵。他们要承认自己就是一帮穿着 T 恤的烟农，向未成年人兜售令人上瘾的产品。我们必须承认，查看自己获得的点赞数，就是一种新形式的吸烟。[5]

马赫对社交媒体的担忧，是被一个月前《60 分钟》（*60 Minutes*）节目播出的一集内容引发的。那集名叫《大脑黑客》（"Brain Hacking"），开场就是安德森·库珀[②]在采访一位身材瘦削的红发工程师，后者留着硅谷年轻人中流行的精修短须。此人名叫特里斯坦·哈里斯（Tristan Harris），曾经开过初创公司，做过谷歌公司的工程师，后来离开了科技领域的老路，成为这个

[①] 比尔·马赫（Bill Maher），美国著名的时政脱口秀主持人兼作家，中国网民多称之为"彪马叔"。——译者注

[②] 安德森·库珀（Anderson Cooper），美国记者、新闻主播兼作家，曾在美国有线电视新闻网（CNN）主持节目《安德森·库珀360度》（*Anderson Cooper 360°*），并著有回忆录《边缘信使》。——译者注

相对封闭领域里罕见的"吹哨人"。

"这东西就像一台老虎机。"采访一开始,哈里斯就举起自己的智能手机说。[6]

"怎么会像一台老虎机呢?"库珀问道。

"每次查看手机时,我都像是在玩老虎机,想知道我得到了什么。"哈里斯答道,"(科技公司)有一整套技巧,让你尽可能长时间地使用这种产品。"

"硅谷究竟是在给应用程序编程,还是在给人编程?"

"他们是在给人编程。"哈里斯说,"人们总说技术是中立的,如何使用技术是由人来决定的。但其实完全不是这样的。"

"难道技术不是中立的吗?"库珀插话说。

"不是中立的。他们希望你以特定的方式,长时间地使用技术。因为他们就是这样来赚钱的。"

比尔·马赫感到这场采访似曾相识。在 HBO 的节目中,他给观众播放了采访哈里斯的片段,然后嘲讽地问:"我还在哪里听到过这种说法呢?"接下来,他便切换到了 1995 年迈克·华莱士[①]对杰弗瑞·维甘德[②]进行的那场著名采访。后者同样是一名

[①] 迈克·华莱士(Mike Wallace),美国记者兼节目主持人,从 1968 年开始担任美国哥伦比亚广播公司王牌电视新闻栏目《60 分钟》的主持人,曾采访过多位重要新闻人物,包括八任美国总统以及马丁·路德·金等著名人士。——译者注

[②] 杰弗瑞·维甘德(Jeffrey Wigand),美国科学家兼烟草业巨头 B&W 公司高管,接受华莱士采访时揭露烟草公司在香烟中加入化学物质,让消费者对尼古丁上瘾。这段故事于 1999 年改编成电影《惊曝内幕》(*The Insider*)。——译者注

"吹哨人"，曾向世界证实了早已被怀疑的一件事：让香烟更容易上瘾是大型烟草公司精心策划的。

最后，马赫总结："菲利普·莫里斯公司[①]只想要你的肺，而苹果应用商店想要的却是你的灵魂。"

■ ■ ■

哈里斯变成"吹哨人"之所以显得异乎寻常，部分原因在于以硅谷的标准来看，他的前半生极其寻常。哈里斯在湾区[②]长大，当我撰写本书时，他才三十多岁。与许多工程师一样，他从小就学会了侵入自己苹果电脑的系统，还写过计算机代码。他从斯坦福大学的计算机科学专业毕业，之后在 B. J. 福格[③]著名的"说服技术实验室"（Persuasive Technology Lab）攻读硕士学位。该实验室研究的正是如何运用技术来改变人们的思维和行为。福格在硅谷有"百万富翁制造者"之名——在他的实验室里工作过的很多人之后都参与创立了利润丰厚的科技公司，包括照片墙的联合创始人迈克·克里格（Mike Krieger）。因此，沿着这条路线，

[①] 菲利普·莫里斯（Philip Morris）是世界第一大烟草公司，总部位于美国纽约，旗下有万宝路等著名烟草品牌。从 20 世纪 70 年代起，该公司在美国的经营领域逐渐多元化，其中以啤酒、饮料等食品加工业最为成功。——译者注
[②] 湾区指美国西海岸加利福尼亚州北部的大都会区，主要城市包括旧金山半岛上的旧金山、东部的奥克兰和南部的圣荷西等。硅谷就位于湾区南部。——译者注
[③] B. J. 福格（B. J. Fogg），斯坦福大学心理学教授，他在该校创建了"说服技术实验室"。——译者注

哈里斯在对人机交互技术有了深入了解之后便放弃硕士学位课程，创建了一家名为"阿普图尔"（Apture）的高科技公司，利用趣闻弹窗来增加用户浏览网站的时间。

2011年，谷歌公司收购了阿普图尔公司，哈里斯则被安排到谷歌邮箱（Gmail）的收件箱团队工作。在谷歌公司，他的工作涉及对数亿人的行为带来影响的产品，哈里斯开始注意到问题。在体验了令人大开眼界的"火人节"[①]之后，哈里斯便采取了行动。他效仿卡梅伦·克罗[②]的脚本，撰写了一份包含144张幻灯片的宣言，题为《将干扰降至最低和尊重用户注意力的呼吁》（*A Call to Minimize Distraction & Respect Users' Attention*）。随后，哈里斯将这份宣言发送给了他在谷歌公司里的一小群朋友。很快，这份宣言就在谷歌公司的数千员工中传播开来，其中还包括公司的联合首席执行官拉里·佩奇（Larry Page）。佩奇请哈里斯参加了一场会议，讨论了宣言中大胆的想法，又任命哈里斯担任新设的职位——"产品理念师"。

但接下来的情况却没有发生多大改变。在《大西洋月刊》（*The Atlantic*）2016年发表的一篇封面文章中，哈里斯曾将无法改变的原因归咎于谷歌公司"因循守旧"，以及他所倡导的理念

---

① 火人节，在美国内华达州黑石沙漠举办的活动，专注于社区意识、艺术、自我表达和自力更生，每年举行一次。——译者注
② 卡梅伦·克罗（Cameron Crowe），美国著名导演、编剧、制片人兼演员。——译者注

不够清晰。然而我们几乎可以肯定，真正的原因其实很简单：将干扰降至最低和尊重用户注意力的做法会减少公司的收入。用户的强迫性使用行为是有利可图的——哈里斯如今已经理解了这一点，他宣称注意力经济正在将谷歌等公司卷入一场"深入脑干底部的竞争"[7]。

于是，哈里斯离开谷歌，创立了一家名叫"善用时光"的非营利性机构，其使命是让技术"为我们服务，而不是做广告"[8]，并且让更多人知道哈里斯的警告：科技公司正用尽各种手段来"劫持"我们的大脑。

在我生活的华盛顿特区，众所周知，最大的政治丑闻往往源自证实大多数人早已起疑的负面消息。这或许可以解释为什么哈里斯揭露的内幕会让民众拍手称快。曝光这件事之后不久，他就成了《大西洋月刊》的封面人物，接受了《60分钟》和美国公共电视网（PBS）《新闻一小时》(*NewsHour*)的采访，还赶去做了一场TED演讲。多年以来，对于"自己轻易就成了智能手机的奴隶"这类抱怨，我们往往认为是危言耸听。可哈里斯证实了这一点：诚如比尔·马赫所言，这些狡猾的应用程序和网站并非来自"创造美好世界的高智商神灵"的礼物。相反，它们是故意塞进我们口袋的一台台老虎机。

哈里斯凭着道德感提醒世人注意数字设备的潜在危险。然而要想对抗数字设备带来的糟糕影响，我们必须充分理解它们是如何颠覆我们的美好生活愿景的。不过幸运的是，在实现这个目标上，我们拥有一位优秀的领路人。在哈里斯绞尽脑汁解决成瘾性技术的伦理问题的那些年里，纽约大学一位年轻的市场营销学教授将自己的研究重点转向了这种技术成瘾的机制。

■ ■ ■

在 2013 年以前，亚当·奥尔特（Adam Alter）对技术几乎没有什么兴趣。[9] 奥尔特拥有普林斯顿大学的社会心理学博士学位，是一名商学教授，他曾经研究过一个宏大的课题：环境特征如何影响我们的思想和行为。

例如，奥尔特在博士学位论文中就研究了一个人与另一个人之间的偶然联系，将如何影响他们对彼此的印象。"假如你发现自己的生日跟某个做了坏事的人是在同一天，"奥尔特解释，"那么与不知道这一点时相比，你会更加讨厌此人。"

奥尔特的第一本书名为《粉红牢房效应》(*Drunk Tank Pink*)，其中记录了许多类似的案例，表明一些看似微不足道的环境因素会让人们的行为发生重大变化。"粉红牢房效应"指的是一项研究。该研究表明，如果把西雅图海军监狱里好斗的醉酒犯人关进一间刷成粉色的牢房，只需要 15 分钟，他就会明显平静下来，就像加拿大在粉色教室里上课的小学生一样。书中还写到，在交友软件的个人资料中使用身穿红色衬衫的照片，会比其他颜色更容易引起别人的注意；此外，你的名字越是容易读，你在法律职业生涯里的晋升速度就会越快。

2013年，奥尔特从纽约飞到洛杉矶，而这趟旅程让那一年成为他职业生涯中的一个转折点。"我原本制订了充实的计划，先在飞机上睡一会儿，再处些工作，"他告诉我，"但自从飞机开始滑行起，我就在手机上玩起了一款叫作《2048》的简单策略游戏。而直到6个小时后飞机着陆时，我竟然还在玩那款游戏。"

自《粉色牢房效应》出版之后，奥尔特就开始寻找新的研究课题，而种种探索最后都引领他回到了一个关键的问题上："影响我们生活方式的最重要因素究竟是什么？"在6个小时航程中强迫性地玩游戏的经历，令这个问题的答案突然变得清晰无比——我们的电子屏幕。

针对人们与智能手机、电子游戏等新技术之间的不健康关系，当时已经有研究者提出了一些重要问题，但奥尔特的心理学专长让他另辟蹊径。他没有把这个问题视作文化现象，而是关注其心理根源。这种视角毫无疑问将奥尔特引向了一个令人不安的研究方向——成瘾机制。

■　■　■

对许多人而言，成瘾都是一个可怕的词语。在大众文化中，这个词会令人联想到吸毒者偷走母亲的珠宝变卖以换取毒品的情节。但心理学家对"成瘾"却有着严格定义，并不带有耸人听闻

的色彩。下面就是一种典型的定义:

> 成瘾是指一个人在使用某种物品或者从事某种行为时，物质或行为的奖赏效应会提供强大的刺激，使得此人无视其不利后果而重复这种行为的状态。[10]

以往人们以为只有喝酒或吸毒会成瘾，因为酒和毒品中都含有能够直接影响大脑化学反应的精神活性物质。然而到了 21 世纪，越来越多的研究表明一些不摄入物质的行为，也有可能会造成符合上述严格定义的成瘾。例如，2010 年发表在《美国药物与酒精滥用杂志》(*American Journal of Drug and Alcohol Abuse*)上的一篇重要论文曾指出:"越来越多的证据表明，行为成瘾在许多方面都与物质成瘾类似。"[11] 病态的赌瘾和网瘾就是众所周知的行为成瘾。美国精神病学会（American Psychiatric Association）在 2013 年发布的《精神疾病诊断和统计手册》第五版（DSM-5）中，首次将行为成瘾列为可诊断疾病。

我们再来谈一谈亚当·奥尔特。在回顾了心理学文献，采访了科技领域的相关人士之后，奥尔特明白了两件事情。第一件是新技术特别容易助长行为成瘾。奥尔特承认，相较于毒品与香烟的强烈化学依赖性，涉及技术的行为成瘾往往都很"温和"。就算你被迫退出脸书，也不太可能出现严重的戒断症状，不至于在夜间悄悄溜去网吧里过过瘾。然而这些成瘾却仍有可能损害你的健康。虽然你不会偷偷溜出门，但若只需轻按一下口袋里的手机就可以登录使用，那么即使是"温和"的行为成瘾，也会让你很难抗拒一整天都不停地查看自己的账号。

奥尔特在研究过程中弄清楚的第二件事情更加令人不安。正如特里斯坦·哈里斯告诫的那样，许多新技术的成瘾性并非无心之举，而是精心设计出来的。

随之而来的一个问题是：新技术为什么特别容易助长行为成瘾？在2017年出版的《欲罢不能》（*Irresistible*）一书中，奥尔特详细介绍了自己对这一课题的研究，并探究了让一项技术对大脑产生强烈吸引、带来不良使用习惯的诸多因素。在此，我想简要介绍一下他在研究中发现的两股力量。在我本人对高科技企业如何助长行为成瘾的研究当中，这两股力量也曾反复出现。它们是间歇性正强化与社会认同驱动力。

大脑对这两股力量都极其敏感。这一点很重要，因为那些应用程序和网站就是利用这些力量，让人无法抵抗点开手机、打开浏览器的冲动。下面我们就来简要讨论一下这两股力量。

■ ■ ■

先来看看第一股力量，间歇性正强化。自迈克尔·蔡勒（Michael Zeiler）在20世纪70年代进行了一系列著名的"鸽子啄食实验"①以来，科学家们早已认识到，用出乎意料的方式提供的奖励，远比按已知模式提供的奖励要诱人得多。[12] 不可预知的事物会让我们分泌出更多的多巴胺——一种可以调节欲望的重要神经递质。在蔡勒的原始实验中，鸽子啄一下按钮，投食机就会以无法预知的方式，掉出一粒食物。而自从脸书在2009年启用点赞功能以来，绝大多数社交媒体的信息反馈按钮都在复制这种行为。

"点赞功能极大地改变了人们使用脸书时的心理，这一点怎么夸张都不过分，"奥尔特写道，"本来是被动地了解朋友的生活情况，如今却变成了一种深度互动，并且会出现不可预知的反馈结果，就像蔡勒实验中的投食机一样。"[13] 用户每次在社交媒体上发帖都像是在"赌博"：帖子是会得到点赞（或者爱心、转发）呢，还是会毫无水花？前者会带来脸书一位工程师所称的"一阵阵虚假的愉悦感"[14]，而后者则会让人觉得心里不是滋味。但不管是哪种情况，结果都是难以预知的。成瘾心理学认为，这一点让发布帖子和查看反馈的整个过程都具有令人抓狂的吸引力。

查看社交媒体上的反馈并不是唯一具有不可预知性的线上活动。很多人都有过这样的经历：原本是出于特定目的去访问一个

---

① 指1971年心理学家迈克尔·蔡勒用3只饥饿的鸽子所做的一系列实验。在实验中，蔡勒设计了一台投食机，上面有一个供鸽子去啄的按钮。他还设立了3种奖励机制——每啄一次都有奖励、概率偏高的随机奖励和概率很低的随机奖励。他发现，当奖励概率为50%至70%时，饥饿的鸽子去啄按钮的频率最高，从而表明当奖励出乎意料时大脑会释放更多的多巴胺。——译者注

内容网站，例如为了查看天气预报而访问一个新闻网站，可接下来的半个小时过后，自己仍在无意识地点击链接，从一个标题跳到另一个标题。这种行为或许同样是由不可预知的反馈激发的。虽然绝大多数文章都是一堆废话，但你也可能会碰上一篇让自己产生强烈情感的文章，不论是义愤填膺，还是哈哈大笑。你点击的每一个引人入胜的文章标题或看似有趣的链接，都拥有像老虎机手柄一样的吸引力。

自然，高科技公司也会意识到不可预知的正反馈具有强大力量，因此会对产品进行调整，让其更具吸引力。正如"吹哨人"哈里斯所言："应用程序和网站会设置间歇性的、可变的奖励，因为这对其业务有利。"[15] 他们会精心设计醒目的通知标志，或者让用户手指轻轻一划，就会满意地打开另一篇可能有趣的帖子，从而引发用户的强烈反应。哈里斯指出，脸书的通知标志原本是蓝色的，为了与页面其余部分的风格相匹配，"可没有人使用"[16]，于是，脸书便把通知标志改成了醒目的红色，而点击量也随之激增。

脸书的首任总裁肖恩·帕克（Sean Parker）为这种说法提供了最有力的佐证。2017年秋季，他在一场活动中坦率地谈到脸书所利用的注意力机制：

> 开发这些应用程序时的思考（脸书是率先这样做的公司）……主要是："我们怎样才能尽可能地占用你的时间和

有意识的注意力呢？"这意味着我们必须时不时地让你因为有人对一张照片、一篇帖子或别的东西点赞或评论而分泌一点儿多巴胺。[17]

让人们发布内容，然后查看不可预知的反馈，这种机制看似是社交媒体的立身之本，但实际上，正如哈里斯指出的，这只是在诸多选项中它们任意挑出的一种。早期的社交媒体网站很少以获得反馈为特点，相反，它们的功能集中于发布内容和查找信息。人们在解释社交媒体的重要性时，陈述的理由往往是"前反馈时代"早期社交媒体的特征。例如，许多人都会提到能够得知朋友什么时候生了一个宝宝这类用处，可是这属于信息的单向传递，并不需要获得反馈。

换言之，主导绝大多数社交媒体的不可预知的反馈，并不是不可或缺的。即使摒弃这些功能，也不会减少绝大多数人从中获得的益处。这种特殊机制得以流行，是因为它能确保人们的眼睛离不开屏幕。当哈里斯拿起一台智能手机，告诉安德森·库珀"这种东西就像一台老虎机"时，他想到的可能正是这种强大的心理力量。

■　■　■

现在，我们来探究一下第二股助长行为成瘾的力量，即社会认同驱动力。正如亚当·奥尔特所说："我们是社会性动物，永远都做不到完全无视别人的评价。"[18] 当然，这种行为也是适应性的体现。在旧石器时代，谨慎地处理好自己在部落成员中的社会地位至关重要，因为人的生存有赖于此。然而到了 21 世纪，这种深层驱动力却被新技术控制，用来制造一种有利可图的行为成瘾。

我们再来说一说社交媒体上的反馈按钮吧。除了带来不可预知的反馈结果，它还涉及他人的认同。要是在照片墙上你新发布的帖子下面，有很多人点击那个小的心形图标，你会觉得像是整个部落在向你表示认可——正是我们天生就强烈渴望的。[19] 当然，这种源自进化的驱动力还有另一面：缺乏积极的反馈会给人带来痛苦。对于停留在旧石器时代的人类大脑而言，这可是一个严重的问题。因此，我们才迫切需要持续关注这种"生死攸关"的信息。

我们不应低估这种社会认同驱动力。莉娅·珀尔曼（Leah Pearlman）曾经是脸书的产品经理，她的团队开发了点赞按钮（也是她在 2009 年的博客文章中宣布了点赞功能）。由于她对这一功能的危害极为警惕，因此如今身为小企业主，她还雇用了一名社交媒体经理来处理她的脸书账号，让自己免受它对社会认同驱动力的操控。"不管你会不会收到通知，它给人的感觉都不太好。"谈到她查看社交媒体反馈的经历时，珀尔曼说道，"不论我们希望看到什么，它从来都不会完全达到我们的期望。"[20]

社会认同驱动力同样可以解释当代青少年沉迷于在应用程序

Snapchat[①] 上与朋友保持互动的原因。在他们看来，长久不断的每日互动意味着他们跟朋友的关系非常牢固。它还能解释人们为何普遍存在一种立即回复消息的冲动，即便在最不恰当、最危险的情况下也不例外（不妨回想一下自己在开车时收到信息后的反应）。我们停留在旧石器时代的大脑认为"无视一则刚刚收到的短信"就相当于"无视部落成员用火来引起你注意的行为"，这是一种危险的无礼行为。

科技行业对利用人类渴望获得认同的本能这件事已经驾轻就熟。社交媒体尤其经过了精心设计，为你提供丰富的信息流来反映朋友在此刻想念你的程度。特里斯坦·哈里斯还提到了脸书、Snapchat 和照片墙等应用程序中给照片中的人添加标签的功能。[21] 发布照片时，你可以给其中出现的其他用户"贴上标签"。同时，系统会向被标记的人发送通知。哈里斯解释说，如今这些应用程序已经实现了贴标签的自动化，它们利用尖端的图像识别算法来找出照片中的人，让你只需轻点一下，就能进行标记——通常以快速的"是/否"问题来完成（比如："你想要对……进行标记吗？"），而对于这个问题，你几乎一定会回答"是"。

轻点一下就好，几乎不需要你付出任何努力，却能让被标记的朋友觉得你正在想念他们，进而产生一种社交满足感。正如哈里斯所言，这些科技公司之所以投入大量资源来完善自动标记功

---

① 一款照片分享应用。因暂无中文译名，故文中保留英文原名。——编者注

能，并不是为了提升社交网络的实用性，而是为了增强让用户上瘾的社会认同感。

肖恩·帕克在描述这些功能背后的设计理念时说："这是一种社交认证的反馈循环……完全是像我这样的黑客才会想出的东西，因为它利用的正是人类心理的弱点。"[22]

■　■　■

在前面几节中，我解释了人们为什么感到对数字生活失去了掌控力——过去 10 年间兴起的种种热门新技术尤其容易助长行为成瘾，导致人们对这些技术的使用远远超过了自认为有益、健康的程度。的确，正如特里斯坦·哈里斯、肖恩·帕克、莉娅·珀尔曼和亚当·奥尔特所揭露的，这些技术大都经过专门设计，旨在触发成瘾行为。在这种环境下，强迫性使用并非由某种性格缺陷导致，而是一个商业计划可观利润的变现。

我们如今的数字生活与当初的设想背道而驰。这在很大程度上是科技公司董事会精心设计的，目的则是为了满足少数投资者的利益。

不平等的军备竞赛

如前所述，我们对新技术的不安并不在于它们是否有用，而在于我们能否保有自主权。我们注册服务和购买设备，原本是出于一些较为次要的目的，比如查看朋友的状态或者无须同时携带音乐播放器和手机。可数年之后却发现这些设备逐渐控制了我们的时间、感受和行为方式。

在过去的10年里，人类已经被这些工具所击败。这不足为奇，因为我们一直都在进行一场一边倒的军备竞赛。侵犯我们自主权的新技术越来越精准地捕捉人类大脑中一些根深蒂固的弱点，而我们却仍然天真地以为，自己不过是在摆弄那些"高智商神灵"赐予的好玩礼物罢了。

当比尔·马赫开玩笑说，苹果应用商店想要我们的灵魂时，他说到了点子上。正如柏拉图在《斐多》中著名的战车比喻，我们可以把自己的灵魂理解成那个驾驭着战车、正在努力控制两匹马的人。这两匹马中一匹代表着我们的善良天性，另一匹则代表着卑鄙的冲动。倘若我们将自主权交给数字设备，就会让后一匹马变得精力充沛，而驾车者会越来越难以掌控战车的方向，灵魂的控制力也日渐衰弱。

从这个角度来看，这显然是我们必须反击的一场战斗。但要做到这一点，我们需要一种更加坚定的策略，它为我们量身定制，才能避免各种力量将我们引向行为成瘾，它还制订出具体的计划，指导我们用新技术来支持自己的美好抱负，而不是与之背道而驰。数字极简主义，就是这样的一种策略。接下来，让我们看看这种策略的具体内容。

第二章

何为数字极简主义

极简的解决之道

在我撰写本章的时候,《纽约邮报》(*New York Post*)发表了一篇专稿,题为《我是怎样戒除智能手机瘾的——你也可以》("How I Kicked the Smartphone Addiction — and You Can Too")。秘诀就是在苹果手机上禁用112款应用程序的通知功能。作者乐观地得出结论:"重新获得控制权还是比较容易的。"[1]

这类文章在如今的技术新闻界很常见。当作者发现自己与数字工具之间的关系变得失常时,就开始警觉起来,试图以一种巧妙的生活技巧来解决问题,然后再热情洋溢地宣称情况已经大有好转。对于这些快速解决问题的故事,我一向都持怀疑态度。据我研究这个课题的经验来看,仅仅学会一些技巧和窍门,很难一劳永逸地改变自己的数字生活。

问题在于微小的改变并不足以解决我们在使用新技术时遇

到的重大问题。一些我们希望改变的深层行为根植于我们的文化当中。而且，正如上一章所述，这些行为还有源于本能的强大心理力量推动。为了重新获得控制权，我们需要放弃细微调整，以内心守持的价值观为基础，从头开始重新构建我们与技术之间的关系。

换句话说，《纽约邮报》那篇专稿的作者应该把目光放得更长远，在更改通知设置之上，提出一个更重要的问题：他为什么会用到如此多的应用程序呢？他和所有与这些问题作斗争的人所需要的，其实是一种技术使用理念——全面解决这些问题：允许哪些数字工具进入自己的生活，使用数字工具的原因，以及它们应受到何种制约，等等。若没有这种自省，我们就会卷入众多令人上瘾、魅力无穷的应用程序的风暴中，苦苦挣扎，徒劳地希望那些拼凑的权宜之计能够挽救自己。

我在引言中提到这样一种理念：

数字极简主义

一种技术使用理念，将线上时间用于少量经过谨慎挑选的、可以为你珍视的事物提供强大支持的网络活动上，然后欣然舍弃其他的一切。

遵循这种理念的数字极简主义者，会不断地进行毫不含糊的"成本-效益"分析。[2] 倘若某项新技术提供的只是一种不重要

的消遣或者微不足道的方便，数字极简主义者就会不予理睬。即便一项新技术有可能为他们珍视的事物提供支持，它仍然需要经受严格的测验——这是用技术支持我追求的价值的最佳方式吗？如果答案是否定的，极简主义者就会试着去优化这项技术，或者寻找更好的选择。

数字极简主义者在做选择时会从自身的深层价值观出发，把新技术从一种干扰变成支持美好生活的工具，从而破解让人们对数字设备丧失掌控权的魔咒。

这种极简主义与绝大多数人自动采用的极繁主义之间形成了鲜明的对比。极繁主义的理念是：任何一种潜在的益处，都足以成为使用一项技术的理由。一想到可能会错过某些有点意思或价值的东西，极繁主义者就会觉得浑身不自在。的确，这也是为什么当我公开声称自己从未用过脸书时，我职业圈里的人会感到震惊。我会问他们："为什么一定要使用脸书呢？"他们则会回答："但如果你因此错过了对你有益的东西，那该怎么办呢？"

在数字极简主义者听来，这个论点很荒谬。他们认为只有通过精心安排自己使用的工具，使之提供巨大而明确的益处，才能创造最美好的数字生活。因此他们往往对一些价值不大的活动持有惊人的警惕，因为这类活动会消耗时间和注意力，并且最终效果是弊大于利。换言之，极简主义者并不介意错过琐碎小事，而只关心已经确信会让生活变得更美好的重要事物。

为了让这些抽象的理念变得更加具体，不妨来看一看现实世界中数字极简主义者的例子。[3] 他们都是我在研究这种理念的过程中遇见的。有些极简主义者对于一项新技术的要求是必须为他们的深层价值观提供有力的支持，因此他们拒绝一些在当代文化中普遍被认为必不可少的服务与工具。例如，泰勒最初选择常见的社交媒体，是出于一些常见原因，比如助力自己的职业发展、与别人保持联系和进行娱乐消遣。然而在接受了数字极简主义理念之后，泰勒就意识到尽管自己非常看重上述三个目标，但强迫性地使用社交网络的做法，充其量只能带来微不足道的益处，并不是实现这些目标的最佳方式。于是，他放弃了所有的社交媒体，转而寻求更加直接和有效的方式来达成这些目标。

我认识泰勒，是在他决定采用极简主义并且放弃社交媒体大约一年之后。他显然对这段时间生活中发生的变化感到兴奋。他开始在家附近做志愿者，定期锻炼，每月阅读三四本书，学习演奏尤克里里。他告诉我如今他不再电话不离手，而他与妻子、儿女之间的关系，也比以往更加亲密了。在工作上，由于远离社交媒体之后精力更加集中，他还获得了升职。"客户们注意到我发生了一些变化，问我是否在做什么特别的事情。"他对我说，"当我告诉他们我不再用社交媒体之后，他们的反应都是：'要是我也能那样做就好了，可就是做不到。'可实际上他们同样没有任何理由去使用社交媒体！"

泰勒承认，这些好的变化不能完全归功于退出社交媒体。理论上说，就算保留脸书账号，他仍然可以学习弹奏尤克里里，或者用更多的时间去陪伴自己的妻子、儿女。然而,这个决定并不仅仅是对数字生活习惯的微调,而是一种具有象征意义的姿态,强化了他践行极简主义理念的决心。在选择生活方式时,你应当从自己根本的价值观出发进行思考。

这种理念可以让我们摒弃一些所谓的基本技术。在这个方面,亚当是另一个典型的例子。亚当经营着一家小型企业,与员工保持联系对他的生意而言十分重要。但近来他却开始担心自己给 9 岁和 13 岁的两个孩子树立了不好的榜样。他意识到,虽然自己可以跟孩子们讨论放下手里发光的屏幕去体验生活是多么重要,但如果不让孩子们看到他在生活中践行这种做法,他们就不会把他的话放在心上。于是,亚当做了一个非同凡响的决定:他扔掉了智能手机,取而代之的是一部功能简单的翻盖手机。

"在我的一生中,最应该言传身教的时刻莫过于此。"谈到这一决定时,他对我说,"孩子们都知道我的业务离不开智能手机,他们以前也经常看到我使用它,可如今我却扔掉了智能手机!我可以清楚地向他们解释这样做的原因,他们也理解了!"

亚当承认,没有智能手机之后,工作中的某些方面变得更加令人烦恼了。尤其是此前他严重依赖发信息来协调员工的工作,并且现在他很快意识到,用老式手机上的小塑料按键来输入文字实在困难。可亚当是一位数字极简主义者,这意味着使用技术支持他的价值观优先于发挥技术最大限度的便利性。身为人父的他给孩子们教的必修课,便是拥抱屏幕以外的生活,这比提高打字速度重要得多。

并非所有的数字极简主义者最终都会摒弃那些常用的工具。对许多人而言,"这是不是使用技术支持自己价值观的最佳方式"这个核心问题会让他们变得小心谨慎,从而对绝大多数人盲目使用的种种服务进行优化。

比方说,米夏尔觉得自己痴迷于线上媒体的做法弊大于利。于是,她对自己获取的数字信息进行了限制,只订阅了2份电子时事通讯以及少量博客,而查看这些博客的频率"每周不到一次"。她曾告诉我,这些精心挑选出来的消息来源仍然可以满足她渴望看到启发性观点和信息的需求,同时又不会占据她的大把时间,支配她的情绪。

还有一位名叫查尔斯的数字极简主义者也有过类似的经历。他曾是一个沉迷于推特的人,而自从认同数字极简主义理念之后,他便放弃了推特,转而通过一系列精选的在线杂志来收看新闻,每天下午查看一次。他告诉我,他现在了解的信息要比从前沉迷于推特时更加充分。如今他很庆幸自己终于摆脱了使用推特时形成的那种成瘾性刷新行为。

数字极简主义者还擅长精简多余的功能,让自己既可以利用新技术的重要功能,又能免受干扰。例如,卡丽娜是一个学生组织的执行理事。这个组织经常利用脸书的群组功能来协调活动。为了防止自己在登录脸书处理工作时分散注意力,她将朋友减少到只剩其他14名理事,并且取消了他们的动态推送。这样便既可以利用脸书群组功能，又不会受到消息推送的干扰。

此外，爱玛的做法也与卡丽娜"殊途同归"。爱玛发现可以在脸书的通知页面上添加书签，以便直接跳转到她关注的研究生社团的页面，从而避开其他干扰性的功能。布莱尔的做法与此类似，她在脸书的活动页面上添加书签，这样既可以查看即将举办的社团活动，又能绕过"那些脸书（中充斥着）的垃圾"。布莱尔告诉我，这样一来她只需要每周查看活动页面一两次，每次只用 5 分钟左右。而卡丽娜和爱玛的情况相似，她使用脸书的时间极短，但普通脸书用户平均每天的使用时间会超过 50 分钟。这些优化措施看似微不足道，却对数字极简主义者们的日常生活产生了巨大的影响。

数字极简主义者还可以发掘社交媒体的新价值，戴夫的经历就是一个特别暖心的例子。戴夫既是一位创意总监，也是 3 个孩子的父亲。在接受了极简主义理念之后，他便把自己一直在使用的社交媒体舍弃了，只保留了照片墙软件，因为他觉得照片墙极大地满足了自己对艺术的浓厚兴趣。戴夫采用了一种真正的极简主义方式——他并不满足于单纯浏览，而是绞尽脑汁思考如何才能让这个工具更好地融入自己的生活。最终，他决定每周都发布一幅图片，记录他正在进行的个人艺术项目。他解释："这是一种很棒的方式，让我可以留下项目的可视化档案。"他也只关注了少数几个艺术家的账号，因为他们的作品会给他带来灵感，这样让自己查看信息的过程变得既省时又富于意义。

然而我之所以喜欢戴夫的故事是因为退出了社交媒体帮他达成了很多事。戴夫说，他上大学一年级的时候，父亲每周都会给他手写一张便条，他至今仍然念念不忘。所以戴夫开始养成一种习惯，每晚画一张画，放到大女儿的午餐盒里。而年纪最小的两个孩子，则饶有兴致地观察着他的这种习惯。而等他们到了自己带午餐盒去学校的年纪之后，每天也开始收到父亲的画了，这让他们觉得兴奋不已。"几年时间很快就过去了，现在我每天晚上都要花很长时间画三幅画！"戴夫的脸上洋溢着自豪，"如果没有可以自己支配的时间，我就不可能做到这一点。"

数字极简主义的原则

在前文中已经提到，反抗数字技术控制的最佳办法，就是信奉一种基于自己根本价值观的技术使用理念。接着我们讨论了数字极简主义，并且举了一些数字极简主义者的例子来说明这种理念的影响力。然而，在践行数字极简主义之前，还需要全面地解释一下这种理念为何有效。我的论证基于下述三条核心原则：

- 原则一　贪多代价高昂

数字极简主义者会认为，把自己的时间和注意力分散到过多的数字设备、应用程序及服务上，所造成的负面影响远超它们带来的微小益处。

- **原则二　优化必不可少**

数字极简主义者认为,判断某种技术能否对自己珍视的事有帮助,只是实践的第一步。为了获得这种技术的全部益处,他们还需要仔细考虑如何更好地利用这种技术。

- **原则三　意图使人满足**

无关具体决定,有目的地利用新技术的过程会为数字极简主义者带来莫大的满足感。这是数字极简主义对其践行者而言意义非凡的重要原因。

同意这三条原则,数字极简主义的有效性便不言而喻了。而本章后续部分将证明这些原则正确。

原则一的论据:梭罗的新经济学

1845 年 3 月底,梭罗借了一把斧子,走进了瓦尔登湖附近的树林中。[3] 他伐倒初生的白松,削出立柱、截成橡子、裁出地板。又借来更多工具,凿出了榫卯,然后将那些构件组装成了一座简朴的小木屋。

梭罗不慌不忙。每天,他都带上黄油面包做午餐。面包是用报纸包着的,吃完饭后,他还会看一看报纸。在悠然自得地建造小木屋的过程中,他还抽出时间详细地记录了周边的自然环境。

他观察了湖中浮冰的特性,闻到了松脂散发出来的幽香。有天上午,当他把一块山核桃木做的楔子放到冰冷的湖水中浸泡时,还看到有一条花斑蛇溜入了湖中,然后静静地卧在湖底。他盯着那条蛇,足足观察了一刻钟。

7月,梭罗搬进小木屋,在那里度过了接下来的两年光阴。他在《瓦尔登湖》中记述了这段经历,并以下面这段名言解释了这样做的原因:"我前往林中,是因为我希望活得有意义,仅仅面对着生活中的基本事实,看我是否能学会生活要教给我的东西,免得到临死之前,才发现自己并未真正活过。"[4]

在接下来的几十年里,随着梭罗的思想在大众文化中传播开来,人们很少直接去阅读他的原文,而他在瓦尔登湖畔的这次尝试便带上了诗意的色彩。[事实上,在1989年上映的电影《死亡诗社》(Dead Poets Society)中,寄宿学校那些充满激情的学生在他们举行的秘密诗社上,就是用《瓦尔登湖》中"有意义的生活"这段做开场白的。]人们认为,梭罗追求的是通过体验有意义的生活来改变自身——走出树林时灵性得到提升。这种理解虽有道理,却完全忽视了这种尝试的另一面。当时梭罗还在研究一种新的经济学理论,试图对抗工业化带来的严重去人性化。为了验证这个理论,他需要更多的资料,而他在瓦尔登湖畔度过的那段时间,很可能就是为了获取所需要的信息。对我们讨论的目的而言,理解《瓦尔登湖》更加现实的一面十分重要。梭罗的经济学理论常常被人们忽视,却给我们的第一条极简主义原则提供了强大有力的论据，那便是：多不如少。

■ ■ ■

《瓦尔登湖》的第一章"简朴生活"篇幅最长。在这一章里，梭罗运用了其标志性的诗意表达来描绘大自然和人的处境。然而，这一章也包含许多平淡乏味的账单，连一分一毫的支出也记录下来，令人惊讶。例如[5]：

房屋	28.125 美元
农场 1 年的费用	14.725 美元
8 个月的食物	8.74 美元
8 个月的衣物等	8.4075 美元
8 个月的油等	2.00 美元
总计	61.9975 美元

梭罗用这些账单准确地（而非诗意、富有哲理地）记录了自己在瓦尔登湖畔维持生活所需的费用。他在第一章中还详尽地论述，这是一种能够满足人类所有基本需求（比如食物、住房、取暖等）的生活方式。接下来，梭罗又将这些支出与自己通过劳作获得的时薪进行对比，得出了他最看重的终极价值：为了维持自己的极简主义生活方式，他必须牺牲多少时间？将实验期间收集到的数据填入之后，他便断定，自己每周只需要工作一天，就足

以维持这种生活方式了。

这种将计量单位从金钱转换为时间的魔法，就是哲学家弗雷德里克·格鲁[①]所说的梭罗的"新经济学"[6]。这个理论基于梭罗在《瓦尔登湖》开篇提到的原则："一件物品的价值，是用来交换它的生命的总和，无论是暂时的还是长期的。"[7]

这种新经济学，对在梭罗那个时代开始兴起的消费主义文化进行了彻底的反思。标准的经济理论关注的是收支结果。例如，一位农民每年耕作 1 英亩[②]土地会获得 1 美元的收入，若是耕作 60 英亩土地，每年则会获得 60 美元的收入。那么，在做得到的情况下，就应当耕作 60 英亩土地，因为这样会得到更多的收入。

可梭罗的新经济学却认为，这种计算方式极其片面，忽略了为了获得那额外的 59 美元而付出的生命成本。正如他在《瓦尔登湖》中所言，经营一座大农场需要背负大笔沉重的抵押贷款，维护大量的设备，付出无休止的艰辛劳作。他在康科德的许多邻居就是如此。他认为这些农民邻居都"被沉重负担压垮和摧残了"[8]，他还将他们归入了"悄无声息地过着绝望生活"[9]的大多数人之中。

接下来梭罗又问，这些疲惫不堪的农民从精打细算赚取的额外收入中究竟获得了什么益处呢？他在瓦尔登湖畔的实验已经证

[①] 弗雷德里克·格鲁（Frédéric Gros），法国新锐哲学家，以研究福柯而闻名。——译者注
[②] 1 英亩约合 4046.856 平方米。——译者注

明，这种额外劳作并不能让农民摆脱蒙昧野蛮的状态。梭罗每周只需要付出相当于 1 天的工作量，就能轻松满足自己的一切基本需求。而这些农民从他们牺牲的生命中获得的，不过是比之前稍好一点的东西，比如百叶窗、质量更好的铜锅，或许还有一辆精致的马车，使其往返于镇上时更加便捷，仅此而已。

若用梭罗的新经济学来分析，这种交换毫不明智。谁能说用终生的压力与辛勤劳作去换取更好的窗帘是合理的做法呢？它真的值得你付出那么多的生命吗？同样，你又为何每日要在田间额外劳作数个小时，以便买上一辆马车呢？梭罗指出，步行前往镇上的确比马车慢，但步行的时间，依然少于为了购买一辆马车而额外付出的劳作时间。正是出于这种思考，梭罗才嘲讽道："我懂得年轻人和乡亲们的不幸，就在于他们继承了农场、房屋、谷仓、牲畜和农具，因为获得这些东西要比摆脱它们更为容易。"[10]

虽然梭罗的新经济学诞生于工业时代，可他的基本想法一样适用于我们当前的数字环境。对于前文中提到的数字极简主义的第一条原则——贪多代价高昂，梭罗的新经济学有助于解释其原因。

人们在取舍数字生活中的特定工具或行为时，往往只注意每种工具或行为带来的价值。例如，在推特上保持活跃状态，偶尔有可能让你结识一个有趣的新朋友，或者偶尔让你接触到以前没听说过的一种新观点。标准的经济思维会认为，这种收获很不错，越多越好。所以，尽可能多地用带来这些微小价值的工具去充实数字生活，就是一种合情合理的做法，就像康科德的农民在自己能负担得起的情况下尽量多耕作些土地很合理一样。

然而，梭罗的新经济学却要求我们用"生命"成本来权衡这种收获。梭罗可能会问，你必须牺牲多少时间和注意力，才能在推特上保持活跃，以便偶尔结识新朋友或接触新观点呢？假如使用推特每周会耗费你 10 个小时，那么梭罗一定会指出：相较于它带来的有限益处，这种代价实在太高。他可能会说，如果你看重新朋友和新观点，为何不养成一种习惯：每个月参加一场有意思的演讲，并设法与在场的至少 3 个人聊聊天？这种习惯会产生类似的价值，但每月只需要寥寥几个小时，额外的 37 个小时你可以用来追求其他有意义的事。

当然，这些代价往往涉及多个方面。假如你既在推特上保持活跃，同时还进行着其他十几种需要注意力的在线活动，那么付出的生命代价会极其高昂。就像梭罗笔下的农民一样，你终将被这些活动对时间和注意力的要求"压垮和摧残"，然而最终回报不过就是几颗更好看的小徽章罢了，这就相当于梭罗笔下那些农民的百叶窗或铜锅。这些回报多半都能用更低的代价去获得，有的就算完全抛弃也无足轻重。

这就是贪多非常危险的原因。人们很容易为最新的应用程序或者服务带来的微小益处所诱惑，却忽略了需要的代价——生命中的分分秒秒，我们最重要的资源。这也正是梭罗的新经济学与我们当下的生活息息相关的原因。诚如弗雷德里克·格鲁所言：

> 梭罗论点的魅力不在于其实际内容。毕竟，上古时期的先哲早已对财产表达过鄙视之情。……给人留下了深刻印象的，是梭罗的论证方式。他对计算痴迷。……他说过：不断计算，不断权衡。我究竟会获得什么，又会失去什么呢？[11]

梭罗对计算的痴迷能帮助我们穿透主观错误，看到使用大量数字工具的得失，并让我们更准确地权衡利弊。生命中的每一分钟都是实在的可贵之物——甚至是我们最珍贵的东西——要始终重视占用生命时间的每种活动。若是用这种视角去看待自己的习惯，我们则会得出和梭罗完全相同的结论：多不如少，如果让不重要的事物填满生活，其代价会远大于每件事物可能带来的微小益处。

原则二的论据：收益曲线

研究经济学的人都很熟悉边际收益递减法则。它适用于生产的过程：当生产力已经达到较高水平时，在生产过程中投入更多资源并不能无限地提高产量。当接近自然极限时，即使不断增加投入，收益增长也会变得越来越少。

很多经济学教材中都有一个汽车装配线工人的经典例子。起初，随着工人数量增加，汽车下线的速度会大幅提升。但如果继续给装配线上安排更多的工人，那么汽车下线速度的提升反而会变得越来越小。原因可能有很多，例如没有位置安排新增的工人，或者其他的限制因素开始发挥作用（比如传送带达到最高速度）。

对于某种生产过程或资源，如果在坐标图上描绘边际收益递减法则，纵轴表示产出的价值，横轴表示投入的资源，那么就会得到一条曲线。起初，随着投入的资源增加，产量迅速增长，曲线迅速上升；但过了一段时间之后，收益开始递减，曲线就会趋于平缓。不同的生产过程和资源有不同的收益曲线，但在很多情况下曲线的形状类似。这使得边际收益递减法则成了现代经济学理论的基石。

如果更灵活地定义"生产过程"，那么边际收益递减法则一样适用于在个人生活中利用新技术来产出价值。一旦明白个人的价值生产过程的边际收益递减，我们就会理解极简主义第二条原则：优化使用技术的方式，与决定使用哪些技术同样重要。

■ ■ ■

在看待个人的生产过程时，尤其需要关注为了增加收益自己投入了多少精力，例如选择更好的工具或采取更明智的策略来使用工具。优化生产过程，就能获得更高的价值回报。一开始的时候，这种增幅会很大。然而，正如边际收益递减法则所显示的，当接近自然极限时，增幅将会递减。

为了更清楚地理解这一点，不妨来看一个简单的例子。假设你发现时刻了解时事很重要，而新的技术无疑能够帮助你实现这一目标。而你一开始时采取的方式可能是关注社交媒体动态弹出的链接。这种方式会带来一定的收益，因为与完全不用互联网相比，你将了解到更多的信息。不过，其中还有很大的改进余地。

为了改进，也许你会投入一定精力筛选出一些在线新闻网站，接着找到一款像"即时文件"（Instapaper）的应用程序，让你可以将这些网站上的文章摘录、整合，在没有广告干扰的友好界面中去阅读。于是，这种经过了改进的"生产过程"，就会为你的个人生活带来更多的收益。或许在优化的最后一步，你还会尝试将一周的文章剪辑到一起，然后周六上午去附近的咖啡馆里，一边喝咖啡一边在平板电脑上阅读。也许你会发现这样更有助于全面理解那些复杂的文章。

这时你已经大幅提升了从个人生产过程中获得的收益。你能够以一种令人愉快的方式追踪最新时事，且只会占用你有限的时间和精力。然而，按照边际收益递减法则，你很有可能正在接近自然极限，离极限越近，继续优化就会越困难。换言之，你已经到达了收益曲线的后半段。

极简主义的第二条原则之所以重要，原因是大多数人都很少在优化上投入精力。大多数人的个人生产过程仍然处在收益曲线的前半段，优化会带来巨大的提升效果。正是这一事实让数字极简主义者不仅关注自己采用了哪些技术，也关注如何利用这些技术。

　　虽然上文中的例子是一种假设，但在现实世界中，你会看到优化给很多数字极简主义者带来丰厚回报的实例。例如，凯碧娜注册了"网飞"（Netflix）账号，因为它是一种比有线电视更好（和更便宜）的娱乐资源。然而，看得停不下来这件事影响到了她的工作效率，让她觉得很不满意。于是，凯碧娜便尝试进行优化：不允许自己独自观看网飞的节目。[①] 这种限制措施让她仍然能够享受网飞提供的价值，不过是以一种更加受控的方式，不是毫无节制地观看。同时这也促进了她看重的社交生活。她告诉我："如今（观看流媒体节目）成了社交活动，而不是一个人的娱乐了。"

　　我研究过的数字极简主义者还有一种常见的优化措施，那就是卸载手机里的社交媒体应用，但可以通过电脑的浏览器访问，因此不会丧失自己注册时看中的益处。然而，卸载手机里的应用程序之后，就不能再在无聊的时候下意识地登录账号了。结果是大幅减少了使用时间，但几乎没有减少这些服务给生活带来的价值。这比整天心血来潮时便不假思索地点击和刷新这些应用程序要好得多。

　　之所以很少有人愿意像凯碧娜或其他精简社交媒体的极简主义者那样采取优化措施，主要有两个原因。首先，大部分社交媒

[①] 我曾惊讶地发现，许多数字极简主义者（年轻人居多）都通过只在社交场合使用流媒体娱乐的方式，达到了良好的平衡状态。

体技术还较为新颖。因此它们在你生活中扮演的角色有可能仍然显得新奇有趣，掩盖了它们在提供价值方面一些较为严重的问题。当然，经过令人兴奋的初期阶段，智能手机和社交媒体带来的新鲜感就会逐渐消失，人们也就越来越无法忍受这些粗糙技术的种种不足了。正如 2017 年作家马克斯·布鲁克斯（Max Brooks）在一个电视节目中调侃的那样："就像我们在 20 世纪 80 年代重新评估自由恋爱一样，我们也需要重新评估（我们与）网络信息（之间的关系）了。"[12]

第二个原因则更加犀利：引入众多新技术的注意力经济巨头并不希望我们考虑优化的问题。你使用这些巨头产品的时间越久，它们赚的钱也就越多。因此，它们希望自己的产品被当成一种有趣的生态系统，用户既可以消磨时间，又会碰上些好玩的事。这种不加选择的思维定势，令它们能更轻易地利用用户的心理弱点。

相较而言，如果你能谨慎挑选这些产品的功能，用以支持特定的价值，那么你的使用时间想必会少得多。社交媒体公司故意模糊产品的介绍，原因就在于此。例如脸书公司宣称的使命是"让人们建立联系，让世界更加紧密团结"[13]。这个目标积极向上，不过对于如何利用脸书来实现它却没有具体说明。这些公司暗示你只需要接入它们的生态系统，开始共享和建立联系，最终自然会有好事发生。

然而，一旦摆脱这种思维定势，将新技术仅视为可以选择性地加以利用的工具，你就能按照极简主义的第二条原则充分进行优化，以获取到达收益曲线最高点之前的种种好处。找到有用的新技术只是改善生活的第一步，而当你摸索出利用这些技术的最佳办法，才会得到真正的收获。

原则三的论据：阿米什黑客的教训

当我们讨论现代技术对文化的影响时，阿米什人[①]会让问题变得更复杂。人们对这个群体的普遍印象都是他们活在过去，因为自 18 世纪中叶定居北美以来，他们就拒绝采用此后问世的任何工具。阿米什社区看上去就是一座活的博物馆和一件过时的宝贝，惹人注目。

不过，若是跟研究阿米什人的学者与作家谈一谈，就会听到一些令人困惑的说法，让情况变得复杂。例如，研究过阿米什人社会的约翰·霍斯泰特勒（John Hostetler）声称："阿米什社区并非旧时代的遗迹。它们只是代表了一种不同形式的现代性。"[14] 曾在美国兰开斯特县的阿米什人中生活过很久的学者凯文·凯利（Kevin Kelly）甚至更进一步写道："阿米什人所过的，绝非抵制技术的生活。事实上，我在数次造访时发现，他们都是能工巧匠，是最优秀的制造者和手艺爱好者。他们通常都是技术迷，这

[①] 阿米什人（Amish）指美国和加拿大基督新教重新洗礼派门诺会信徒，拒绝现代设施，过着简朴生活。——译者注

实在是出人意料。"[15]

正如凯利在 2010 年出版的《科技想要什么》(*What Technology Wants*)一书中阐述的那样,只要踏入一座普通的阿米什农场,"阿米什人都是卢德主义分子"这样的刻板印象就会消失殆尽。因为在阿米什农场里,"沿着道路前行时,你可能看到头戴草帽、身穿背带裤的阿米什儿童滑着轮滑飞驰而过。"[16] 一些阿米什社区也会使用拖拉机,但只有金属轮子,无法像汽车一样在马路上行驶。有些社区允许人们使用汽油动力的小麦脱粒机,但只能用马拉着那台"冒着青烟、噪声很大的设备"[17]。他们几乎都禁止使用个人电话(手机和座机),但许多社区还是设有公用电话亭。

几乎没有哪个阿米什社区允许拥有汽车,但阿米什人经常会乘坐别人驾驶的汽车出行。凯利还称,阿米什人用电很普遍,只是通常禁止接入较大的城市电网中。此外,纸尿布和化肥也很受阿米什人的欢迎。凯利还讲述了一段令人难忘的经历,他曾经拜访过的一个阿米什家庭拥有一台价值 40 万美元的数控机床,生产社区所需的气动零部件。机床安装在马厩的后面,竟然是由家里那个戴着帽子、年仅 10 岁的女儿来操作的。[18]

当然,凯利并不是唯一注意到了阿米什人与现代技术之间存在着复杂关系的人。伊丽莎白敦学院的教授唐纳德·克雷比尔(Donald Kraybill)曾经与人合写过一部论述阿米什人的著作。他认为随着越来越多的阿米什人经商而不再务农,阿米什社区已经发生了变化。他谈到有一家木工店,有 19 名工人,他们使用电钻、电锯和钉枪，只是电力不是来自电网，而是源自太阳能电池板和柴油发电机；另一位阿米什创业者虽然为了业务创建了一个网站，但网站是由一家外部公司进行维护的。克雷比尔还用了一个术语来描述阿米什人的初创企业利用技术时微妙、有时甚至古怪的方式："阿米什骇"（Amish hacking）[19]。

这些记述驳斥了阿米什人拒绝接受所有新技术的主流观点。那么，到底是怎么回事呢？事实证明，在我们这个复杂而冲动的消费主义时代里，阿米什人所做的事情令人震惊，既激进，又简单：他们从自己最珍视的价值出发，逆向考查某种新技术对维护自己珍视的价值是否有利。正如克雷比尔所言，他们面临的问题是："这种技术究竟有益，还是有害？它将改善还是摧毁我们的社区生活？"[20]

一项新技术问世之后，阿米什社区里往往都会有一个"阿尔法极客"（alpha geek）会向教区主教申请试用这种技术。主教通常都会同意。接下来，整个社区会"紧盯"第一个使用这种技术的人，分辨这种技术会给社区最看重的价值带来什么样的影响。如果人们认为这种影响弊大于利，就会禁止使用该项技术；如果不是，就会允许使用，不过通常还会规定使用的细节，以优化正面效果，将负面影响降至最低。

例如，大多数阿米什人都被禁止拥有汽车，却可以乘坐别人驾驶的汽车出行，原因是拥有汽车会影响社区的社会结构。诚如凯利所说："在19世纪末20世纪初汽车问世之后，阿米什人便注意到有汽车的人会离开社区去野炊或去其他城镇观光,而星期天不再探访家人或病患,星期六也不再光顾本地商店。"[21] 在克雷比尔调查研究期间,有一位阿米什人向他解释:"人们离开社区后做的第一件事就是买车。"[22] 因此,阿米什社区大都禁止拥有汽车。

这也解释了为什么阿米什农民可以用太阳能电池板或发电机给电动工具供电,却不能连接到电网。问题不在于电力,而在于电网会让他们与社区之外的世界联系得过于紧密,从而违背了阿米什人源自《圣经》的信条:"活在世间,但不属于尘世。"

了解了阿米什人对待技术的微妙态度,你便不会再将他们的生活方式视作一种过时的宝贝。约翰·霍斯泰特勒解释,阿米什人的理念并非排斥现代性,而是一种"不同形式"的现代性。凯文·凯利则更进一步,声称这是我们在当前困境下不能忽视的一种现代性。他写道:"当谈到避免技术成瘾会带来的诸多好处时,阿米什人代表着值得尊敬的另类选择。"[23] 因为这些选择中蕴含着支持极简主义第三条原则的有力论据——有目的地做出决定比做了什么决定更加重要。

■　　■　　■

阿米什人技术理念的核心,其实是一种平衡之法:他们认为有目的地利用技术所带来的益处比不使用技术而失去的益处更重要。他们的博弈是意图胜于便利，而且也赢了。在过去200多年间，美国经历了迅速的现代化进程与文化剧变，而阿米什人始终都保持着一种相对稳定的生存状态。不同于有些教派试图通过威胁和隔离外部世界来欺骗教徒的做法，阿米什人仍然实行着"游历"（Rumspringa）仪式。游历始于16岁，阿米什的年轻人会获准离开家庭，在不受社区规则约束的情况下体验外部世界的生活。接下来，在明确了自己将放弃什么之后，他们会自行做出是否皈依阿米什教派的决定。据一位社会学家估算，游历之后决定留下来的阿米什年轻人约占80%至90%。[24]

然而，我们仍须谨慎，不能将阿米什人视作有意义的生活范例而过分推崇。管理每个阿米什社区的规定称为"条令"（Ordnung），通常由一个终身制的4人小组来决定和执行，其中包括1位主教、2位牧师和1位执事。他们每2年都会举行一次圣餐礼。在圣餐礼上，人们可以公开表达他们对条令的意见，并且努力达成一致。不过，社区中的很多成员没有表决权，尤其是女性。[25]

从这个角度来看，阿米什人的原则是：使用技术的目的性就具有独立的价值。不过，他们的做法也留下了一个未解决的问题：如果消除社区中具有威权色彩的约束力量，这种价值是否依然存在？幸好，我们有充分的理由相信，这种价值仍会存在。

基于这些思考，我们用与阿米什人密切相关的"门诺派"（Mennonite Church）来做一个思想实验。与阿米什人一样，门诺派教徒也接受了《圣经》的信条"活在世间，但不属于尘世"。他们同样崇尚简朴，并对危及社区繁荣和高尚生活等核心价值的文化潮流抱有怀疑。然而，与阿米什人不同的是，门诺派中一些较为开明的教徒融入了更为广阔的社会，他们个人负责自己做出的决定是否符合教派的原则，同时对做出的决定承担着个人责任。这让我们可以想象，在没有强制性的条令存在的情况下，阿米什人会如何使用技术。

由于很想看到这种理念在具体实践中的情况，我与开明的门诺派教徒劳拉进行过一场对话。劳拉是一位老师，与丈夫、女儿一起住在新墨西哥州的阿尔伯克基。她皈依了当地的门诺派，所住的街区里至少还有12个门诺派家庭，这让她与门诺派群体的价值观紧密相连。但生活方式依然由她自己决定，这没有阻碍她有目的地利用技术。这一点最明显地体现在一个相当激进的决定——从来不买智能手机，也完全不想买。

"我觉得自己不会是智能手机的好用户，"她向我解释，"我不相信自己能够做到不去想它。现在我离家外出时，就不用考虑这些让我分心的东西。我完全不受影响。"[26] 当然，大多数人不想放弃手机，因为手机会带来很多便利，比如在一座陌生的城市里查看一家餐馆的评分和使用GPS来导航。但是，对失去这些微不足道的益处，劳拉并不在意："离家之前就把路线记下来，对我而言并没什么大不了的。"她真正在意的，是理智地做出决定从而维护自己看重的事物，例如与自己关心的人保持联系和享受当下的生活。她谈到自己看重的是即便感到无聊也要陪伴女儿，以及与朋友不受干扰地共度美好时光的意义。劳拉还把做一位"有责任心的消费者"与社会正义联系起来。门诺派很重视社会正义。

与那些没有现代的便利设施也能得到满足感的阿米什人一样，劳拉从没有智能手机的生活中获得的满足感很多来自选择本身。"我决定（不用智能手机），让我获得了一种自主意识，"她告诉我，"我掌控着技术在我的生活中扮演的角色。"犹豫了一会儿之后，她接着说，"有时，这一点还会让我有点儿自鸣得意呢。"让劳拉"自鸣得意"的，正是对人的全面发展更根本的东西：有目的地行动带来的意义。

■　■　■

将上述事例综合起来，我们就会得出支持极简主义第三条原则的有力论据：挑选要使用的工具会给人带来满足感，这通常会远远大于放弃某些工具造成的损失。

之所以将这一原则放到最后来讨论，是因为其中蕴含的道理最为重要。快乐地赶着马车的阿米什农夫和使用旧式手机的门诺派教徒证明了，信奉极简主义就能带来极大满足感。便利性带来的兴奋感转瞬即逝，错过带来的苦恼也会迅速缓解，但能够掌控自己的时间和注意力所带来的深远意义却会持久存在下去。

重新研究旧的想法

极简主义的核心理念"少即是多"其实并不新鲜。我们在引言中已经提到,这一理念自古以来就不乏拥趸,并同样适用于当下我们和新技术的关系。

但同时,技术极繁主义在过去几十年中兴起,它认为在技术上"越多越好"——建立更多的联系、获取更多的信息、拥有更多的选择。这种理念契合了自由人文主义(liberal humanism)让个人得到更多自由的目标,导致如果不使用流行的社交媒体平台、不关注最新的在线讨论,就显得不够"自由"。

当然,这种观点似是而非。将自主权交到注意力经济巨头手里,比如盲目注册硅谷风险资本家推出的任何一种新潮服务,非但与自由背道而驰,而且有可能损及你的个性。旧的想法也需要新的研究来验证其有效性。

而对于新技术,几乎可以肯定地说:少即是多。但愿以上内容已经解释清楚了原因。

第三章

实施一场数字清理

（迅速）成为极简主义者

如果你确信数字极简主义值得尝试，那么接下来就是讨论如何转向这种生活方式。以我的经验来看，循序渐进地改变习惯效果并不好，因为注意力经济精心制造的吸引力和便利性会不断削弱你改变的动力，直到让你退回原点。

所以，我推荐迅速转变——在很短时间内进行，抱着结果会持续下去的决心。我将这种独特而快速的转变过程称为数字清理（digital declutter）。具体做法如下：

数字清理过程

1. 留出 30 天的时间，在此期间你将暂停使用那些可有可无的技术。

2. 在这 30 天里，重新发现能给自己带来满足和意义的行为与活动。

3．这段时间结束之后，重新选择要使用的每项技术。对于选择的每一项技术，都应确定它为你的生活带来怎样的价值，以及如何使用它才能让这种价值最大化。

就像清理房屋一样，数字清理是对数字生活的一次充值，彻底清除干扰性工具和强迫性习惯等积弊，代之以一系列有目的的行为。这些行为以极简主义方式优化过，支持而非破坏自己追求的价值。

本书的第二部分将提供一些理念和策略，帮你维持长期可持续的数字极简主义生活方式。不过，我建议大家先从数字清理开始，之后再依据第二部分内容优化你的安排。开端是最重要的，接下来我们将详细讨论实施数字清理的具体问题。幸好我们并不需要从零开始，因为很多人早已走过这条道路了。

■　■　■

2017年12月初，我曾向电子邮件地址簿中的所有收件人发过一封信，阐述了自己对数字清理的主要想法。"我在寻找志愿者，"我写道，"他们将在来年1月尝试一次数字清理，并在过程中向我报告进展情况。"我预计会找到40到50名勇敢的志愿者，可我猜错了：竟然有1600多位报名者。我们甚至上了全国性的新闻。[1]

到了 2 月份，我开始收到志愿者发来的详细报告。我想知道他们在清理过程中制定了怎样的技术使用规则，以及他们在这 30 天里过得怎样。我尤其想了解 30 天后当他们重新选择技术时做了怎样的决定。

在认真研读了数百份报告之后，我得出了两个结论。首先，数字清理过程是有效的。人们在得知自己的数字生活充斥着条件反射行为和强迫性冲动之后都很惊讶。清除这些垃圾，从头开始认真安排自己的数字生活，就像是移除了他们未曾意识到，但一直在拖累自己的心理负担。完成清理之后，他们得到了一种简洁高效的数字生活方式，感觉妙不可言。

其次，清理过程非常棘手。在 30 天结束之前，不少人就放弃了清理。而有意思的是，这些提前退出的人大多数并不是毅力不够，他们都是想要改变、自愿参加实验的读者。常见的情况是他们在清理中犯了一些小错误。典型的是使用技术的限制规则要么模棱两可，要么太过严厉。还有一种错误是在清理时没有计划好用什么来取代这些技术，进而引起焦虑和厌倦。有些参与者把这个实验当成一种纯粹的戒瘾手段，只想暂时放弃数字生活，之后再回归往常，他们在清理过程中也感到困难重重。暂时性的脱瘾，要比永久性转变软弱得多。因此，当情况变得棘手之后，就更容易产生消极想法。

考虑到以上现实，我将阐明清理过程的 3 个步骤，并提供建议。我会分析清理实验的案例，帮助读者避开常见的陷阱，适当做出调整以尽可能成功地完成数字清理。

第一步：确定技术使用规则

在为期 30 天的数字清理过程中，你应当远离那些"可有可无"的技术。因此，清理过程的第一步，就是确定哪些技术算是"可有可无"。

这里的"技术"，是指书中始终称之为"新技术"的一类事物，包括应用程序、网站，以及通过电脑或者手机屏幕呈现，为你提供娱乐、信息或通信功能的数字工具。例如短信、照片墙和红迪网都是在实施数字清理时需要评估的技术，而微波炉、收音机、电动牙刷则不是。

还有一个很有意思的特例——电子游戏。在这次实验中，很多参与者都遇到了这个问题。我们不能简单地把电子游戏归入"新技术"中，因为早在数字网络和移动计算革命之前，电子游戏就已存在数十年了。但如今仍有许多人（尤其年轻人）觉得游戏令人上瘾，这与他们使用其他新技术时的体验相似。29 岁的企业主约瑟夫告诉我，他觉得"休息时要是不玩电子游戏，就会烦躁不安"[2]。最终，他把电子游戏和令他强迫性查看的博客都归入了疲于应付的技术。如果跟约瑟夫一样，你也认为电子游戏在生活中扮演着重要角色，那么在确定规则时，完全可以把它们列入需要评估的技术之中。

另一个模棱两可的例子是电视。在如今的流媒体时代，电视一词可以涵盖众多不同的视觉娱乐形式。在进行这次大规模清理实验之前，我有点犹豫，不知道使用流媒体的网飞及其同类产品是否可以算作可有可无的技术。然而，从参与者反馈的意见来看，答案几乎毫不含糊：是。正如管理顾问凯特所说："我原本有很多想法要尝试，可每次（坐下）动手的时候，网飞节目就莫名其妙地（出现）在我的屏幕上了。"像凯特这样的参与者坚持认为，在确定规则时，这些技术也应考虑进去。

一旦划定了范围，接下来就必须判断要在整整30天的清理期间暂时远离哪些可有可无的技术。我常用的方法是：除非放弃这种技术会严重扰乱你的日常工作和生活，否则这种技术就是可有可无的。

这一标准不会把工作使用的技术划为可有可无的。比如，若是不查看工作邮件，会影响职业生涯发展，因此你不能把我的建议当成借口，关闭收件箱一个月。同样，如果从事的工作需要你偶尔查看一下"脸书信使"（Facebook Messenger）来帮助招生，那么这种技术也不是可有可无的。参与实验的音乐教授布莱恩的情况就是如此。

从个人的角度来看，上述排除方法通常适用于发挥着关键信息沟通作用的技术。如果你的女儿上完足球课发短信告诉你何时可以去接她，那么为此而使用短信就是完全没有问题的。倘若停用一项技术有可能破坏人际关系，则也可以保留它，比如利用视频聊天软件与在海外服役的配偶通话。

然而，大家可不要混淆"方便"与"关键"。不能登录一个发布校园活动的脸书群组，或许会让人觉得很不方便，但在30天里看不到这种信息非但不会对你的社交生活产生严重的不利影响，还有可能让你接触到其他更有意思的活动。同样，好几位实验参与者都表示他们需要继续使用脸书信使之类的即时通信工具，因为这是他们与海外朋友保持联系最便捷的途径。这一点可能属实，但在很多情况下，就算一个月内联系得不那么频繁，也不会影响人际关系。

更重要的是，这种不方便其实很可能对我们大有裨益。与外国朋友中断流于表面的联系可能有助于你确定哪些人是真正的朋友，再与仍然保持联系的朋友巩固彼此间的友谊。安雅的情况正是如此，她是实验参与者，来自白俄罗斯，目前正在美国的一所大学里学习。在接受《纽约时报》采访时，她称暂时中断与外国朋友的在线社交，让她觉得"自己跟人们相处的时间反而多了……由于不那么频繁地（互动），所以我们想要充分利用互动的时间"。[3] 大二学生库西卜甚至表达得更加直白："简而言之，我只是跟那些不需要经常联系（有时甚至是不想联系）的人失去联系罢了。"

我的最后一条建议是，碰到大部分时间都可有可无、只有很少关键用途的技术时，你应当借助操作规程——如何以及何时使用这些技术的明确规定。这样就可以继续享用其关键功能，但不会无限制地滥用。在实验中，我看到了参与者应用操作规程的众多范例。

比如，自由撰稿人玛丽想要摆脱不停查看手机短信的习惯。（她说："我出生在一个亲属众多、都很喜欢发短信的家庭。"）但困难之处在于，她的丈夫经常出差，在出差期间有时会给玛丽发送一些需要她迅速回复的短信。于是，她更改了设置，让手机在收到丈夫短信时发出一种特殊的提醒，而收到其他短信时却没有通知。同样，一位名叫迈克的环保顾问需要随时收发邮件，却又不想强迫性地查看邮箱，于是他制定了一条规则，只允许自己通过台式电脑登录账号，而不能用手机登录。

一位名叫卡雷布的计算机科学家规定自己可以继续收听播客，但只能在每天 2 个小时的上下班路上。（他解释："因为一想到上下班路上只能听广播电台，就让我发怵。"）波姬是一位作家、教育工作者和全职妈妈。她希望完全断网，但为了让这种状态能够持续，她增加了两种例外情况：在需要收发电子邮件和在亚马逊上购买家居用品时可以上网。

我还注意到，在不彻底弃用流媒体但减少其影响这件事上，人们都很有创意。大一新生拉马尔只和他人一起使用流媒体。他解释道："在大家都在娱乐的场合下，我可不想把自己孤立起来。"另外，教授纳撒尼尔乐于在生活中享用高品质的娱乐，但担心自己会毫无节制地观看节目，就采取了一种巧妙的限制措施:"不管是什么电视剧,每周顶多看 2 集。"

在实验参与者报告的规则中,大约 30% 是操作规程,余下的 70% 则是完全禁止自己使用某种技术。通常,制定过多操作规程会导致清理实验难以为继,但大多数人至少都需要有几项更精细的约束措施。

■　■　■

清理过程第一步的要点,概括如下:

- 数字清理主要针对各类新技术——计算机或手机的应用程序和工具。电子游戏和流媒体视频也可能归入其中。
- 在 30 天内远离你认为"可有可无"的技术——即使停用也不会妨碍工作和生活运转。有些技术你可以彻底停用,而对另一些技术,你需要制定一套操作规程,明确规定自己应当在何时以及如何利用这种技术。
- 最终,你将得到一份禁用清单以及适当的操作规程。将它们写下来,贴在你每天都能看到的地方。事实证明,在清理过程中明确规定允许和不允许做的事情,是成功的关键。

第二步：戒除 30 天

既然你已经定下了技术使用规则，那么第二步就是遵循这些规则，并坚持 30 天。[①] 开始时，你可能会发现没有这些新技术的生活很难熬。你对各种干扰和娱乐形成了固有期望，当你把它们从日常生活中清除之后，期望就会被打破——可能会令你不快。

然而，很多实验参与者都报告，在 1 周到 2 周之后，这些不快就会逐渐消失。波姬讲述了自己的经历：

> 没想到头几天过得那么难。我的种种成瘾性习惯暴露无遗。排队时、活动间隙、无聊时、想知道自己在意的人的动态时、想要逃避时、想查点什么时，还有只是想要放松的时候，我都会下意识地去拿手机，然后才想起来，手机中的一切应用都卸载了。

不过，接下来情况就会好转。"随着时间的推移，'戒断'症状逐渐消失，我也开始忘掉手机了。"她说。

年轻的管理顾问达里娅则承认，在清理实验的头几天里，她都会不由自主地掏出手机，然后才意识到已经删光了社交媒体和新闻应用程序。手机上唯一的新信息来源就是天气预报。她告诉

---

① 显然，清理过程不一定非得是 30 天。例如，将清理周期设为自然月份是一种非常方便的做法：31 天、28 天都可以，具体时长取决于是哪个月份。

我："在头一周里，我竟然知道三四个城市每个小时的天气。"上网去看点什么的冲动太过强烈，根本由不得她放手。但两个星期之后，她却说："我几乎毫无兴趣（上网）了。"

这种脱瘾体验非常重要，因为到清理过程结束，当你想重新选择技术时，这将有助于你做出更为明智的决定。我之所以建议大家在改变数字生活前先进行一段漫长的戒除实验，主要是因为如果没有脱瘾过程让你头脑清醒，技术的诱惑力就会干扰你的决定。假如此刻就改变你使用照片墙的方式，那么你现在做的决定，与你在戒除 30 天后再做的决定相比，很可能要不牢靠得多。

然而，认为数字清理仅仅是一种戒瘾经历也不正确。数字清理的目标并非只是让你暂时性地摆脱技术，而是要在你的数字生活中触发永久性转变。脱瘾只是助力这种转变的一个步骤而已。

因此，在数字清理过程中，除了遵守技术使用规则，你还有其他事要做。为了最后的成功，这段时间里你得找找在那个始终在线、闪亮的数字世界之外，有哪些东西对你很重要，能引起你的兴趣。在清理过程结束、开始重新选择技术之前想清楚这个问题具有至关重要的意义。我将在本书第二部分详细阐述这样一个论点：如果培养出高质量的爱好来取代数字工具带给你的"乐趣"，就更有可能削弱它们在生活中的影响力。许多人强迫性地使用手机，其实是在掩盖缺乏健全休闲生活导致的空虚感。如果只是禁用容易让人分心的数字工具，却没有填补这种空虚，就会让生活变得死气沉沉。这种结果可能会瓦解任何极简主义生活的尝试。

重新发现自己真正的爱好之所以很重要，还有一个原因：当你重新选择技术时，爱好是很好的指南。使用技术是为了让它服务于你重视的具体事物。而想要让技术成为达到目的的手段，首先要明确目的是什么。

好消息是，许多实验参与者发现重拾沉迷数字工具之前的爱好要比预想的更加容易。有位名叫尤娜扎的研究生一度每晚都沉迷于红迪网。而在数字清理过程中，她用晚上的时间阅读从学校和地方图书馆借来的书籍。她告诉我："那个月我看了8本半书，以前我从未想过自己可以做到。"保险经纪人梅丽莎虽然在30天里"只"看完了3本书，可她还整理了自己的衣柜，与朋友聚了餐，并且有了更多时间与弟弟面对面交谈。她告诉我："我希望他也参加一次清理实验，因为我们聊天的时候，他一直都在看手机，实在让人恼火。"她甚至开始寻找新住处——此前总觉得没有时间做。到清理过程结束的时候，她出价的房子已经成功买下。

库西卜在清理期间看了5本书。对他来说，这很了不起，因为这是他3年来第一次主动看书。他还重新捡起了自己过去很喜欢的绘画和计算机编程。"我原本很喜欢这些爱好，"他解释道，"但上学之后总觉得没时间，就放弃了。"卡雷布也开始寻找有意义的替代活动，他每晚睡前都会写写日记、看看书。他还开始用唱片机听音乐，不用耳机并且从头听到尾，而听得不耐烦时，也没有快进键可按。最终卡雷布感到，比起平时打开音乐播放软件搜索完美的曲目，这种体验要丰富、充实得多。全职妈妈玛丽安娜则在清理过程中对创作非常投入，决定创建博客来分享自己的作品并与其他艺术家保持联系。工程师克雷格则称："上周我竟然又去图书馆了，这可是自孩子出生以来头一遭呢……我高兴地找到了 7 本很有意思的书。"

与许多参加实验的家长一样，塔拉尔德也将自己刚解放的时间和注意力给了家人。他不满自己从前陪伴孩子们时心不在焉。他告诉我从前在游乐场，孩子们会因为解决了问题或做了自豪的事来寻求父亲的认可，可他的注意力全都在手机上。"我开始意识到不停看消息的荒谬做法，让我错失了多少见证他们的小小成就的机会啊。"在清理过程中，他重新体会到用心陪伴孩子带来的满足感，不再只是待在他们身边玩手机了。成了游乐场上唯一没有低头看手机的家长甚至让他感觉不真实。

波姬也发现自己开始更加主动地跟孩子们互动了。对她来说，这种改变并非有意安排，而是数字清理的"副作用"，因为数字清理让她觉得生活"不再那么匆忙和焦虑"，给自己留下了追求更重要爱好的空间。最终，她还重新弹起了钢琴，学会了缝纫——若是摒弃盲目的数字活动，优先考虑做真实的自己，你就能够重新拥有大把时间。

波姬精彩地描绘了许多人在 1 个月的清理过程中获得的体会，她说："这 31 天让我看清了自己在不知不觉中失去了什么……如今看向内心，我明白我们能追求的东西还有很多！"

■ ■ ■

第二步的要点，总结如下：

- 你多半会发现，数字清理过程的头一两个星期最难熬，因为你得与想要查看电子设备的冲动做斗争。但这些难受会慢慢消失，等到清理过程结束、你需要做决定的时候，这种脱瘾体验会发挥有益的作用。
- 然而数字清理的目标并不只是为了享受一段远离干扰的时光。在为期 1 个月的清理过程中，你必须积极探索高质量的替代活动，来填补你放弃技术留下的空闲时光。这会是一段不停尝试、干劲十足的时间。
- 你希望在清理过程结束时，能找到这样一些活动：它们会带来真正的满足感，让你能够信心百倍地去创造一种更加美好的生活。而在这种生活中，技术只会为更有意义的目标提供帮助。

第三步：重新选择技术

在为期 30 天的戒断期结束后，就到了数字清理的最后一步：

重新将技术引入自己的生活。这个过程可能会比你想象的要困难得多。

部分实验参与者只是把这一过程当作一次传统的数字脱瘾期，而在清理结束之后，便重新用起了全部的技术。这种做法是错误的。最后一步的目标是只允许一些通过了极简主义标准严格考验的技术重新回到你的生活中。而正是在这一步花的心思，决定了之前的清理过程能否在你的生活中激发出持久的改变。

有鉴于此，对于重新选择的每一项技术，首先都需要问一问：这项技术是不是对我珍视的事物有直接帮助？这是允许某个工具进入生活的唯一标准。它具有一定价值之类的理由无关紧要，因为数字极简主义者会心甘情愿地放弃其他不重要的一切技术。这个问题可以让你看清通过浏览推特来消遣的做法并不能支持任何重要的价值追求。相反，在照片墙上关注堂兄的新生宝宝的照片，也许的确能支持你对家庭的重视。

某项技术一旦通过了第一个筛选性问题，接下来就须面对更加严苛的标准：它是不是支持自己价值追求的最佳途径？也许有人会辩解，占用时间和注意力的技术多少都与我们在意的事物有一定的关联。但数字极简主义者却会权衡这种关联的价值——除非是强有力的关联，否则都不会为其所动。大家不妨想一想前文中的例子，你重视家庭也许能证明在照片墙上浏览照片这一行为具有合理性。但问题在于这种行为是不是支持这种价值的最佳途径。经过一番思考，答案十有八九是否定的。事实会证明，每个月去拜访堂兄一两次的做法更简单，也能更有效地维持家庭联系。

就算一项技术通过了上述两个筛选性问题，还有最后一个问题——我该如何利用这项技术，才能发挥它的最大价值，并将弊端减至最低？在本书第二部分我将探讨：许多注意力经济公司都希望你用一种二元视角来对待它们提供的服务——要么使用，要么不使用。这样做的目的是利用某种你选中的功能诱惑你进入它们的生态系统，一旦你成为"用户"，它们就会调动注意力操纵术，利用一系列功能组合让你着迷，忘掉自己的初衷，一直使用它们的服务。

数字极简主义者则会通过操作规程来对抗这种策略——操作规程会规定何时以及如何使用数字工具。他们从来都不会简单地说："我使用脸书是因为它有助于我的社交生活。"相反，他们会说得更为具体，比如："我每个星期六在电脑上查看脸书，是为了了解亲朋好友都在忙些什么。我的手机上没有安装这款应用程序。我的好友列表经过了精减，只剩下一些对我具有重要意义的人。"

将这些方面综合起来，我们就可以把极简主义的筛选过程总结如下：

极简主义的技术筛选法

在数字清理结束时，被允许重新进入生活的技术必须：

1. 服务于你珍视的某些事物（而不仅仅是提供某种益处）。

2. 是服务于这些价值的最佳方式（若非如此，则应以更好的方式取而代之）。

3. 它在生活中发挥的作用应当受到操作规程约束，后者明确规定你应在何时以及如何使用这项技术。

你可以应用这种筛选法来评估任何一种计划使用的新技术。然而，若是在数字清理结束时采用这种方法则会尤其有效，因为此前脱离这些技术的过程，会让你看清自己的价值追求，并让你确信并不需要盲目坚持现有的数字技术使用方式。若是你像许多实验参与者一样使用上述筛选法指导重新选择技术的过程，那么技术在你生活中所起的作用就会变得大不一样。

例如，电气工程师德伊就在数字清理过程中惊讶地发现，自己对上网看新闻严重痴迷，以至于他变得很焦虑，尤其是在看到一些带有政治色彩的文章时。"我（在清理期间）完全放弃了看新闻这件事，并且爱上了这种状态。"他告诉我，"无知有时是真正的幸福。"数字清理结束后，他认识到对自己实施彻底的新闻封锁是一种不可持续的做法，也认识到，订阅数十份时事通讯邮件和强迫性地查看突发新闻同样不是满足自己信息需求的最佳方式。如今，他每天只会查看一次涵盖了所有热门新闻的某个网站，但这个网站对于每个事件只会不偏不倚地提供 3 篇文章的链接——左、中、右派立场的媒体各一篇。这种方式可以驱散当今许多政治报道中的过多情绪，让德伊既能跟上形势，又不会焦虑。

凯特解决这个问题的办法，则是每天早上收听博客的新闻摘要，以替代浏览新闻。这让她既消息灵通，又不必盲目浏览网页。相比之下，迈克发现用收音机这种"古老"设备来取代浏览在线新闻很管用。他发现，做手工活的时候收听美国公共广播电台（NPR）既能让他了解形势，又能免于被在线新闻许多糟糕的功能干扰。拉梅尔也不再通过查看社交媒体动态来了解时事，而是订阅了一份报纸，直接送到他在纽约大学的宿舍。

或许可以预见，很多参与者最终都会放弃从前占用他们过多时间的社交媒体。这些服务利用文化压力和模棱两可的价值主张进入你的生活，因此，往往都经不起上述严格的筛选过程。然而，实验参与者重新选择社交媒体并通过受限制的方式让其服务于特定目的，这样的例子也很普遍。在这些案例中，他们通常认真遵循了严格的操作规程，使社交媒体为自己所掌控。

例如，玛丽安娜如今约束自己，每周只能在周末查看一次筛选后的社交媒体。销售顾问恩里克告诉我"推特对我的伤害最大"，所以如今他规定自己每周只能在周末查看一次订阅的资讯。拉梅尔和塔拉德则认为，应该把手机上的社交媒体应用程序通通删掉，转而通过台式电脑的网页浏览器去访问这些服务，这带来的额外麻烦足以让人们只为最重要的目的使用社交媒体。

一些参与者还分享了一种很有意思的体验：他们原本急不可耐地想要重新使用那些可有可无的技术，却发现自己对那些技术失去了兴趣。凯特曾这样描述：

> 数字清理结束的那一天，我急匆匆地打开脸书、博客、聊天软件，心情愉快地准备重新沉浸其中。可接下来，在漫无目的地浏览了大约30分钟之后，我却抬起头开始思索……我为什么要这样做呢？这不是……很无聊吗？这样做，没有给我带来任何快乐。经过了数字清理之后我才注意到，这些技术实际上并未给我的生活增色添彩。

从那以后，她便再也没有用过那些社交媒体了。

有几位参与者则发现，如果要彻底放弃社交媒体上靠点赞来维护的人际关系，那么你需要有替代方法和朋友们保持联系。例如数字广告商伊洛娜便制订了给朋友打电话和发短信的日程表。这让她维护了重要的人际关系，而付出的代价不过是失去一些不重要的关系。"最终，我完全接受了这样的事实：我会错过他们人生中的重要事件，但这是值得的，因为这让我避免在社交媒体上浪费大量的精力。"

还有一些参与者则在重新选择技术时制定了不同寻常的操作规程。伦敦人艾比从事旅游业，她把手机里的网页浏览器都卸载了。这可是一项非凡之举。"我认为自己并不需要立即知道所有问题的答案。"她告诉我。接下来,她便买了一台老式的笔记本电脑,当自己在地铁上感到无聊时便将想法简要地记录下来。卡雷布则为自己的手机制订了"宵禁"时间,规定自己从每天晚上 9 点至第二天早上 7 点间不能使用手机。一位名叫罗恩的计算机工程师设置了限额,只允许自己定期查看 2 个网站,比起以前经常来回浏览 40 多个网站,这是巨大的进步了。丽贝卡购买了一块手表来改变自己的日常习惯。在年长的读者看来,使用手表或许微不足道,可对丽贝卡这样的 19 岁年轻人来说,却是一种有意之举。"每次莫名其妙陷入效率低下的状况时,我估计约有 75% 的原因都是我拿出手机来看时间。"

■ ■ ■

第三步的要点,可以概括如下:

- 30 天远离可有可无的技术,将"重置"你的数字生活。现在,你可以用一种更有目的且符合极简主义的方式,从头开始重新构建自己的数字生活了。而对于你打算重新选择的每一项技术,都应当通过三个步骤筛选法来加以甄别。
- 这一过程,将帮助你逐渐培养出一种全新的数字生活方式:新技术将服务于你珍视的价值,而不是未经你允许就颠覆那些价值。正是在谨慎地重新选择技术的过程中,你才会有目的地做出决定,让自己成长为一个数字极简主义者。

第二部分

实践数字极简主义

第四章

享受独处

独处拯救了国家

在华盛顿特区,若是驾车从第七大街上的国家广场出发,你的行驶路线会从鳞次栉比的公寓楼和宏伟的石构建筑中开始。一路往北,开上 2 英里①之后,你就会转到靠近市中心的一排排砖房和拥挤的餐馆之间:先是肖氏区,然后是哥伦比亚高地,最后到佩特沃思。沿着这条路线经由佩特沃思上下班的人们很多都不会意识到,只要再往东两个街区,在一堵混凝土围墙和一间有士兵把守的门房背后,就隐藏着一片宁静的天地。

这处地产属于"退伍军人之家"。自 1851 年以来,"退伍军人之家"就坐落在那片高地上,俯瞰着华盛顿特区的市中心。当年在美国国会的施压之下,联邦政府从银行家乔治·里格斯

---

① 1 英里约合 1.609 公里。——译者注

（George Riggs）手中购买了这处地产，为美国近代历次战争中的伤残老兵建造了一座疗养院。在 19 世纪，这座"士兵之家"（"退伍军人之家"最初的名称）的四周还是一片乡村。如今，城市早已经扩张到了这片土地之外，但当你穿过它的大门，里面的景色却给人世外桃源的感觉。撰写本书时，我曾在一个暖和的秋日午后来到此地。当我开车进入这里时，城市的喧嚣逐渐退去：那里有绿色的草坪、古老的大树、啁啾的小鸟，还传来了附近一所特许学校[①]的孩子们在操场上玩耍时发出的阵阵笑声。当我开进游客停车场时，映入眼帘的就是那座外形不规则、拥有 35 个房间的"村舍"。这座哥特复兴式建筑由乔治·里格斯所建，最近还进行了整修以恢复它在 19 世纪 60 年代时的原貌。

这座"村舍"如今成了一处国家历史遗址，因为它曾经接待过一位著名的访客：在 1862 年、1863 年和 1864 年的夏天和初秋，林肯总统曾居住在这里，骑马往返于白宫。但这里之所以有名，并不仅仅是因为一位重要的总统曾经居住于此。越来越多的研究表明，住在"村舍"为林肯提供了安静思考的时间与空间。这一点有可能发挥过关键作用，帮助他理解美国内战带来的创伤和做出艰难的决策。

获得宁静，听上去如此简单的事却有可能改变了美国的历史——这个想法让我在一个秋日午后造访了林肯的"村舍"以了解更多的情况。

[①] 美国一类公办民营的学校。——译者注

第四章　享受独处

■　■　■

要想理解林肯逃离白宫的动机，就必须想一想这个未经考验、只担任过一届众议员的人，在美国形势最为艰难的时期出人意料地肩负起了总统大任时，他的生活是个什么样子。在就职典礼的那天，林肯发表了那场令人振奋的演说《我们本性中更善良的天使》，试图说服人们相信当时正在分裂的联邦可以延续下去。就职典礼过后，林肯马上陷入了一场充满责任与烦恼的旋风之中。"这位总统完全没有'蜜月期'，"历史学家威廉·李·米勒（William Lee Miller）写道，"（他）从上任伊始，就没有宁静的日子，无法稳稳当当地坐在总统办公室里……无法仔细思考应当如何来实现自己的抱负。"相反，正如米勒生动形象的描述，"刚一上任，总统必须做决定的职责就打了他一记重重的耳光。"[1] 米勒并不是在夸大其词。后来，林肯曾对他的朋友、参议员奥维尔·布朗宁（Orville Browning）说："我从就职典礼上回来，进入这个房间之后接过的第一件东西，就是安德森少校的来信。信中说，他们的给养快要耗尽了。"[2] 安德森少校是被敌军围困的查尔斯顿萨姆特堡的指挥官，在那里内战一触即发。做出撤离还是保卫萨姆特堡的决定，不过是在联邦日益陷入分裂的局势下，林肯每天要面临的无数危机中的一桩罢了。

危急的局势并未让林肯摆脱其他一些不太重要的职责，而这些事不断占用着林肯日程中的大部分零碎时间。研究林肯的学者哈罗德·霍尔泽（Harold Holzer）写道："实际上，从林肯上任的第一天起，蜂拥而至的访客就围住了白宫的楼梯和走廊，翻过晨间接见室的窗户，在林肯办公室的门外安营扎寨了。"[3]这些访客，都是为了求份工作或者其他个人利益，其中还有玛丽·林肯[①]的朋友和不少亲戚。在白宫历史学会（White House Historical Association）的档案中保存着一幅版画，发表于林肯就职一个月后的一份报纸上。画面清楚地描绘了当时的情况。画中有二十几个头戴圆顶礼帽的人正在林肯会晤内阁成员的房间门外走来走去。图注解释，这些人是想等总统一出来，就冲上去求他给自己一份工作。[4]

林肯也试图有效地管理这些访客，让他们轮流前来，他开玩笑说这些人"就像在理发店里等着刮胡子一样"。尽管如此，正如霍尔泽总结的，应付公众仍然"最消耗总统的时间和精力"[5]。林肯决定在近半年的时间内每天晚上骑马逃离白宫，往返一段漫长的路程住在"士兵之家"那座宁静的"村舍"。在忙碌不休的背景下，这听上去就合情合理了。"村舍"给林肯带来了他在白宫里几乎不可能获得的东西——用来思考的时间和空间。

虽然玛丽和林肯的儿子塔德也一起住在"村舍"里（长子罗伯特当时正在上大学），但他们经常出去旅行，所以偌大的房子里经常只有总统一人。诚然，林肯从未真正独自一人在"士兵之

[①] 玛丽·林肯（Mary Lincoln，1818—1882），林肯总统的夫人。——译者注

家"里待过，因为除了家中的仆役，还有宾夕法尼亚第 150 志愿团的两个连队驻扎在草坪上守卫。不过，他在"村舍"里度过的时光仍然很特别——这里没有人会分散他的注意力。即便并不是严格意义上的独处，林肯也能够一个人安静地思考。

记载人们前来"村舍"拜访林肯的文献中有多处提到，他们的到来打扰了林肯的独处。比如美国财政部雇员约翰·弗伦奇（John French）在一封信中就描述了他在一个夏日傍晚，在暮色之中与朋友斯科特上校（Colonel Scott）突然造访林肯时的场景：

> 听到铃声前来开门的仆人领着我们走进了那间小小的客厅。在暮色中，林肯先生独自坐在那里。他脱掉了外套和鞋子，手里拿着一把大蒲扇……他躺在一张宽大的椅子上，一条腿搁在扶手上，似乎正在沉思。[6]

林肯往返于首都和"村舍"之间时，在乡间的骑行也给他带来了思考的时间。林肯珍视这种独处的时光，因为他偶尔还会不声不响地骑上马，在不派骑兵连保护的情况下独自回到首都。这样做并不是轻率，尽管此前军方已经发现过南方邦联计划在这条路上刺杀林肯的阴谋，并且在骑马的途中，林肯至少遭遇过一次枪击。

在总统任内，这种思考的时间可能让林肯完善了一些重大事件的决策。例如,据民间所传,林肯是在赶去演讲的火车上匆匆写就了《葛底斯堡演说》的底稿。然而这并不是林肯的惯常做法,因为他通常会在出席重大活动的几个星期前就拟好演讲稿。埃琳·卡尔森·马斯特(Erin Carlson Mast)是管理"村舍"的非营利机构的行政主管。在我参观那里时,她解释了在发表《葛底斯堡演说》之前几个星期里的情形:

> 林肯当时就住在这座村舍里,晚上经常独自一人到军人公墓散步。他没有写日记,所以我们并不知道他内心深处的想法,但我们很清楚,在写下那篇令人难忘的讲稿之前,他就在这里,思考着战争的人性代价。[7]

这座"村舍"还给林肯提供了起草《解放黑人奴隶宣言》的环境。解放南方黑奴的必要性以及这种解放应当采取什么样的形式,是困扰着林肯政府的两个复杂问题。尤其是当时他们非常担心边界上实施奴隶制的各州会加入南方邦联。林肯曾经邀请参议员奥维尔·布朗宁等客人来到"村舍"商讨相关问题。众所周知,林肯总统还会把自己的想法记在小纸片上。当他偶尔在草坪上漫步时,他还会把纸片存放到自己那顶圆礼帽的内衬里。[8]

最终,林肯在"村舍"里写出了《解放黑人奴隶宣言》的初稿。参观这座房子时,我看到了林肯当时用的书桌。它摆放在林肯那间房顶很高的卧室里，位于两扇俯瞰屋后草坪的高大窗户之间。林肯坐在桌边的时候，一定会看到联邦士兵在草坪上搭起的营帐，以及数英里之外国会大厦的穹顶。当时国会大厦仍在修建之中，就像仍在缔造中的美国一样。

我在"村舍"里看到的书桌是一件复制品，原件已经移至白宫中的"林肯卧室"。这种做法颇具讽刺意味，因为如果被迫在总统官邸的吵闹纷扰中完成这一历史使命，林肯一定需要克服更多困难。

■　■　■

林肯独处的时间发挥了至关重要的作用，让他能够在战时总统这个艰难的位置上游刃有余。因此，我们可以略带夸张地说，独处曾经帮助挽救了美国。

本章旨在说明，林肯从独处中获得的益处并非只限于历史人物或面临相似重大决策的人。经常独处能让人人获益，而同样重要的是，任何一个长期逃避独处的人都会受损，就像林肯刚入主白宫的头几个月一样。我希望无论你选择怎样的数字生活方式，都能以林肯为榜样，定期让大脑获得保持活力所需的宁静时光。

独处的价值

在探讨"独处"之前,我们必须更全面地理解这个术语的含义。为了帮助大家的理解,我们可以看看两位原本不太可能走到一起的引路人:雷蒙德·卡特利奇(Raymond Kethledge)和迈克尔·欧文(Michael Erwin)。

卡特利奇是一位受人敬重的法官,任职于美国第六巡回上诉法院[①];欧文则是一名退伍军官,曾经在伊拉克和阿富汗服役。2009 年他们第一次相遇,当时欧文驻扎于密歇根州的安娜堡,正在攻读硕士学位。尽管卡特利奇和欧文的年龄和生活经历都大相径庭,但他们没过多久便认识到双方对"独处"的课题有着共同的兴趣。事实证明,卡特利奇长期以来依靠独自思考才写出了那些出了名的、犀利的法律意见书。他常常在一座粗略翻修过、连网络都没有的谷仓里,用一张简朴的松木桌办公。他解释:"在那间办公室里,我的智商会额外提高 20 分。"[9] 而欧文则习惯于在密歇根州的玉米田旁长跑,以逐步缓解自己第一次从战场上回来后的情绪问题。他开玩笑说:"跑步比治疗省钱。"[10]

初次相遇之后不久,卡特利奇和欧文便决定共同撰写一部论述"独处"的作品。虽然用了 7 年的时间,但他们的努力最终还是结出了硕果——2017 年出版的《内向思考》(*Lead Yourself*

---

① 读者对雷蒙德·卡特利奇这个名字可能熟悉。2018 年夏,他曾被唐纳德·特朗普总统列为取代美国最高法院大法官安东尼·肯尼迪(Anthony Kennedy)的 4 个人选之一。

First)。此书凭借联邦法官及退伍军官的严密逻辑，以两位作者的亲身经历证明了独自思考的重要性。在讲述自己的故事之前，两位作者还给独处下了准确的定义，这是他们最重要的贡献之一。许多人都错误地将"独处"这个词与物理隔离（physical separation）联系起来——或许会要求你走到距离他人数英里远的偏僻小屋去。这种有漏洞的定义采用的标准对大多数人而言都是不切实际的。正如卡特利奇和欧文解释的那样，独处真正关乎你的大脑活动，而与周围环境无关。于是，他们把独处定义为一种主观状态，在其中，你的思想完全不会受到他人的影响。

你可以在拥挤的咖啡店或地铁上享受独处，或者像林肯总统在"村舍"里一样，尽管草坪上还有两个连队的士兵，也能享受独处。只要你心无旁骛，紧紧抓住自己的想法，就可以做到。另一方面，如果任由别人的想法干扰自己，那么就算是在最安静的环境里，也做不到独处。除了与别人直接交谈，造成干扰的还可能是读书、听播客、看电视或者任何一种可能将你的注意力引向智能手机的活动。独处要求你无视来自他人的信息，将注意力集中在自己的想法和体验上，且与眼下身处何地无关。

独处为什么可贵呢？卡特利奇与欧文详细阐述了独处的诸多益处，大部分都关乎从容地自省所带来的深刻见解与情绪平衡。在他们给出的众多案例中，有一个与马丁·路德·金（Martin Luther King）有关的例子引发了读者的强烈反响。他们指出，金一开始卷入"蒙哥马利公交车抵制运动"纯属偶然，[11] 因为全国有色人种协进会（NAACP）的地方分会决定抵制公交车种族隔离政策时，金碰巧是当地的新任牧师，他魅力非凡、受过良好教育。随后，金又被提名担任新成立的"蒙哥马利改进协会"的领导人。此事发生在1955年底的一次教会集会上，让金措手不及。他勉强应承下来："好吧，要是大家认为我能够效力，那我也乐意从命吧。"

随着抵制运动旷日持久地进行，金的领导权和人身安全受到越来越大的压力。由于金是在无意当中卷入了抵制运动，这些压力尤其强烈。在1956年1月27日，金首次入狱后被释放的那个晚上，压力达到了顶点。他被捕入狱是因为一场有组织的警察骚扰运动。当金回到家里时，妻子和年幼的女儿都已睡下。他意识到，该是明确自己打算的时候了。金独自一人坐在厨房的餐桌边，手中拿着一杯咖啡，陷入了沉思。他一边祈祷，一边思考。他欣然享受着独处，这是重压之下他正需要的。在独处中，金找到了答案，为自己提供了前进道路上需要的勇气：

> 就在那一刻，我仿佛听到内心有个声音在对我说："马丁·路德，挺身捍卫正义吧。捍卫公平吧。捍卫真理吧。"[12]

后来，传记作家戴维·加罗（David Garrow）称，这是"（马丁·路德·金）人生中最重要的一个夜晚"[13]。

■ ■ ■

当然，卡特利奇和欧文并不是最先注意到独处价值的人。自启蒙运动以来，人们就在不断探究独处带来的种种益处。[①] 17世纪晚期，大名鼎鼎的布莱兹·帕斯卡[②]就曾写过："一切人性之问题，皆源自人无法在一间房里安静地独坐。"[14] 半个世纪之后，远隔重洋的本杰明·富兰克林（Benjamin Franklin）也在自己的日记中论述过这一主题："我已经阅读了大量论述独处的精妙作品……我承认，对忙碌者而言，独处是一种惬意的放松之道。"[③]

学术界却很晚才认识到独自思考的重要性。直到1988年，著名的英国精神病学家安东尼·斯托尔（Anthony Storr）出版了开创性的作品《孤独：回归自我》（*Solitude: A Return to the Self*），才弥补了这一遗漏。斯托尔指出，在20世纪80年代，精神分析学痴迷于亲密关系，并将其视为人类幸福最重要的源

---

① 自古以来，人们就在宗教背景下研究过独处的各种形式。在古代，独处一直发挥着重要作用，帮助人们建立与神灵的联系，磨砺道德信念。而从相对较晚的时期开始论述，主要是为了简短。
② 布莱兹·帕斯卡（Blaise Pascal，1623—1662），法国数学家、物理学家和思想家。——译者注
③ 值得注意的是，富兰克林在这篇颂扬独处的日记末尾还提醒，将太多时间用于独处对"爱社交的人"无益。原文是："倘若这些（珍视孤独的）有识之士总是被迫独处，那么我想，他们很快就会发现，即便是自己也会无法忍受自己。"参见本杰明·富兰克林：《旅行日记》，出自《本杰明·富兰克林文集》数字版，耶鲁大学和帕卡德人文学院。网址：http://franklinpapers.org/franklin/framedVolumes.jsp?vol=1&page=072a。

头。但斯托尔进行的历史研究似乎并不支持这种假说。他在1988年出版的这本书中,一开篇就引用了爱德华·吉本(Edward Gibbon)的话:"交谈能增进理解,但独处才是天才的摇篮。"他接着大胆地写道:"吉本完全正确。"[15]

吉本过着一种孤独的生活,可他非但创作出了传世巨著,而且活得相当快乐。斯托尔注意到"大多数诗人、小说家和作曲家"通常都需要大量的独处时光。[16]他还列举了笛卡尔、牛顿、洛克、帕斯卡、斯宾诺莎、康德、莱布尼茨、叔本华、尼采、克尔凯郭尔和维特根斯坦等人——他们从未成家或建立亲密关系,却依然度过了非凡的一生。斯托尔得出的结论就是,把亲密交往当成人类健康成长的必要条件,是错误的。独处对幸福和创造力同样重要。

我们很难无视这个事实:斯托尔列举的所有非凡之士以及我前文提到的历史人物全都是男性。弗吉尼亚·伍尔芙(Virginia Woolf)在她1929年发表的那篇女性主义宣言《一间自己的房间》(*A Room of One's Own*)中指出,这种不平等的现象不足为奇。伍尔芙应该会赞同斯托尔所说的独处是创新思维的先决条件,但她也许会补充,女性已经被系统地剥夺了培养独处的空间,无论是实际的还是形而上的。换言之,在伍尔芙看来,独处并非一种宜人的消遣,而是从导致独处缺失的认知压迫下解放的方式。

在伍尔芙所处的时代,女性被男权社会剥夺了这种解放方式。而在我们所处的时代,是我们自己对于被数字设备干扰的喜爱剥夺了我们的独处。这一点是加拿大社会评论家迈克尔·哈里斯(Michael Harris)在2017年出版的《独处》(Solitude)一书的主题。哈里斯担心新技术会助长一种文化,剥夺我们独自思考的时间。他指出:"独处时间受到侵扰会带来重大的影响。"[17]他对相关文献进行的研究发现独处能带来三大益处:"新的想法,了解自我,以及亲近他人。"[18]

前文中我们已经探讨过前两个益处,但第三个却有点出乎意料。在后文中我们将探究独处和与人联系之间的矛盾,因此这一点值得简要剖析一下。哈里斯认为:"培养独处的能力……绝对不是拒斥亲密关系,相反能够加强这种关系。"[19]他提出,平静地体验分离,会增进你对人际关系的理解。而哈里斯并不是第一个注意到了此种关联的人。诗人、散文家梅·萨藤(May Sarton)也曾在1972年的一篇日记中探究过这种奇妙体验,她写道:

> 数个星期以来,我头一次独处于此,终于又开始了"真正"的生活。奇妙之处正在于此:朋友,即使是炙热的爱情,都不是我的真正生活;除非我有独处的时间,去探索和发现正在发生的或者已经发生的一切。若是没有这种既给人支持又令人疯狂的中断,生命就会变得索然无味。但是,只有在独自一人的时候,我才能充分品味它……[20]

温德尔·贝里（Wendell Berry）说得更加简洁："我们一旦开始独处，也就失去了孤独。"[21]

■　■　■

与上述情况类似的例子不胜枚举，并且全都指向了明确结论：将定期、适度的独处与我们既有的社交模式结合，是一个人健康成长的必要条件。认识这一点在如今比以往更加迫切，因为在人类历史中头一次，独处正在彻底消逝。

独处缺失

对独处与现代性相矛盾的担忧并不新鲜。早在20世纪80年代，安东尼·斯托尔就曾撰文批评："当代西方文化让人难以获得独处时的安宁。"他指出，噪声入侵了我们生活中的各个方面，背景音乐以及当时刚刚发明的"车载电话"就是最新证据。[22]一百多年前，梭罗也表达过类似的担忧，他在《瓦尔登湖》中写道："我们正在急急忙忙地建造一条从缅因州到得克萨斯州的电报线路，但缅因州与得克萨斯州之间，或许并无重大之事需要交流。"[23]如今摆在我们面前的问题是：当前这个时代是否对独处构成了一种新的威胁。而这种威胁与批评者抨击了数十年的其他威胁相比，显得更加紧迫。

要想理解我的担忧，不妨从 21 世纪初的音乐播放器革命开始。在苹果音乐播放器 iPod 问世之前，我们已经有了便携式音乐播放器，最常见的就是索尼的磁带随身听和 CD 随身听，还有其他同类产品。然而这些设备在大多数人的生活中只发挥了有限的作用，不过是在锻炼时或者坐在汽车后座上旅行时用来娱乐的工具罢了。在 20 世纪 90 年代初，若是你站在车水马龙的街头，并不会看到太多人在上班途中戴着索尼的黑色海绵耳机。

然而到了 21 世纪初，倘若站在同一个街头，你能看到白色的入耳式耳机几乎无处不在。iPod 的成功，不仅在于销售了大量配件，还在于它改变了便携式音乐设备背后的文化。播放一整天的背景音乐变得普遍，在年轻人当中尤其如此。他们一出门就会戴上耳机，只有在不得不跟别人说话的时候才会取下。

把视野放宽，从梭罗笔下的电报到斯托尔笔下的车载电话，对独处构成威胁的技术只是采取新手段偶尔打断了你独自思考的时间，可 iPod 却具有连续不断地让你分心的功能。梭罗那个时代的农民可能会离开宁静温暖的火炉，中断独处时光，步行进城去接收傍晚发来的电报。可这种技术，绝对不可能让这位农民一整天都不断地分心。而 iPod 将我们与自身思想的疏远，推向了一个新的阶段。

然而，直到苹果公司推出了苹果 iPhone——或者更宽泛地来看，直到 2010 年代，可以上网的智能手机得到普及——之后，由 iPod 引起的这种变化才充分发挥出潜力。此前，就算

iPod 无处不在，也仍有戴上耳机太过麻烦的时候（例如当你在等着被叫去开会的时候），或者戴着耳机会令人尴尬的场合（例如在教堂礼拜时，听着舒缓的赞美诗让你感到无聊）。然而智能手机则提供了一种新的技术，只要快速一瞥就能彻底扫除这些剩余的独处时光。如今，只要稍微觉得无聊，你就可以偷偷看一眼众多的手机应用程序或网站，并且它们都经过优化，能够即时将别人的想法提供给你并让你满意。

这样一来，你完全可以把独处彻底从自己的生活当中剔除出去。梭罗和斯托尔担忧人们享受的独处时光减少了，而如今我们却想知道，人们是否会彻底忘记独处。

■　■　■

在智能手机时代，人们很容易低估独处正日益减少的严重性，这让问题变得复杂。尽管很多人承认自己使用手机的时间超过了限度，可他们常常看不到这项技术带来的全面影响。我在前文中已经介绍过纽约大学的亚当·奥尔特教授，他在《欲罢不能》一书中就详细描述了人们低估这种影响的例子。在为写作做调研的时候，奥尔特决定评估一下自己使用智能手机的情况。[24]为此，他下载了一款应用程序"时刻"（Moment），它能够记录你每天查看手机的频率与时长。在使用这款应用程序之前，奥尔特估计自己每天会查看手机 10 次左右，而总时长约为 1 个小时。

一个月后，奥尔特看到了实际情况：他平均每天会拿起手机 40 次，而总时长则达到了 3 个小时左右。奥尔特大感惊讶，便联系了时刻的开发者凯文·霍莱什（Kevin Holesh）。霍莱什透露，奥尔特的情况并不罕见，反而很典型：使用时刻的用户平均每天查看智能手机的时间都是 3 个小时左右，只有 12% 的用户时间少于 1 小时。此外，时刻用户平均每人每天会拿起手机 39 次。

霍莱什提醒奥尔特，这些数字很可能偏低，因为会下载时刻这类应用程序的用户大多已经担心自身的手机使用情况。"还有数以百万计的智能手机用户忽视或根本不关心自己使用手机的情况，"奥尔特得出结论，"他们每天花在手机上的时间，甚至很有可能超过了 3 个小时。"[25]

这些智能手机使用方面的数据都只计算了查看屏幕的时间。若是再加上听音乐、有声读物和播客的时间（它们都没有被时刻计入），人们扫除独处时光的成效就会更加明显。

而为了让讨论变得简单一点，我们不妨给这种趋势取一个名字：

独处缺失

你几乎没有任何时间独自思考、摆脱他人想法影响的状态。

直到 20 世纪 90 年代，人们还并未达到独处缺失。当时，日常生活中仍然有很多场合迫使你陷入思考，比如排队、挤地铁、沿街散步或打理院子。然而如今，独处缺失变成了一种普遍现象。

当然，问题的关键在于我们是否应当担忧独处缺失的现象。从理论上来看，答案并不显而易见。独处听上去没有什么吸引力，并且在过去的 20 年里，我们还被灌输了"多联系胜于少联系"的观念。例如，马克·扎克伯格（Mark Zuckerberg）就在脸书公司 2012 年首次公开募股的公告中洋洋得意地写道："脸书……旨在完成一项社会使命，即让世界变得更加开放和紧密连接。"[26]

这种想法显然过于乐观，也很容易导致人们轻视脸书的宏伟抱负。但若是把独处缺失放到本章前面探讨的观念中，交流优先于思考的做法就值得担忧了。若是逃避独处，你会错失独处带来的积极影响，比如解决疑难问题、调整情绪、增强道德勇气以及巩固人际关系。因此，如果长期处于独处缺失的状态，生活质量就会下降。

独处缺失还会带来另一些负面影响，而人们直到如今才开始意识到。当研究一种行为的影响时，以极端群体为对象是一个很好的办法。而随时随地联网的极端行为在 1995 年以后出生的年轻人中很突出，他们是第一代青春期之前就可以使用智能手机、平板电脑和不间断网络的人群。他们的父母或老师大多数都可以证明，这一代人不间断地使用着电子设备。（"不间断"一词并非夸张。2015 年非营利组织常识传媒的一项研究发现，包括短信和社交网络在内，青少年使用媒体的时间，平均每天高达 9 个小时。[27]）因此，这个群体很有可能像煤矿里的金丝雀一样具有警示作用。如果持续的独处缺失会引起问题，那么问题可能最先出现在这个群体中。

我们发现的情况，正是如此。

在开始撰写本书的几年之前，我第一次注意到高度互联的这代人深陷困境的迹象。当时，我受邀在一所著名大学演讲，和该校心理健康中心的负责人聊天时，这位主管告诉我，她发现学生的心理健康方面出现了一些重大的变化。数十年来，这个心理健康中心面对的都是类似的青少年问题，比如思乡病、饮食失调、抑郁以及偶尔出现的强迫行为，这些都很常见。可接下来一切都变了，似乎在一夜之间，前来心理咨询的学生人数陡增，而过去较为罕见的焦虑成了主要问题。

她告诉我，似乎每个学生都突如其来地出现了焦虑或相关的精神问题。当我问她是什么导致了这种变化时，她毫不犹豫地回答这与智能手机有关。当这一届从小就使用智能手机和社交媒体的新生入校后，与焦虑相关的心理问题就突然增加了。她注意到这些新生都在忙着收发信息。持续不断的交流显然正在以某种方式干扰学生大脑的化学反应。

几年之后，这位主管的预感得到了圣迭戈州立大学心理学教授琼·特文格（Jean Twenge）的证实。琼·特文格是美国青年代际差异研究领域里的顶尖专家之一。她在 2017 年 9 月《大西洋月刊》上的一篇文章中指出，她研究青少年心理变化趋势的时间超过了 25 年，而其间这些趋势一直稳步发展。但是，从 2012 年前后开始，她注意到青少年情绪状态发生了一种绝非渐进的变化：

> 在（描绘行为特征随着出生年份而改变的）曲线图中，平缓的"斜坡"变成了陡峭的"山峰"和险峻的"悬崖"，而"千禧一代"（Millennials）①的许多显著特征也开始消失。在对所有代际数据（有些数据上溯至 20 世纪 30 年代）进行的分析中，我还从未见过这种情况。[28]

1995 年至 2012 年出生的年轻人，被特文格称为"互联网一代"（iGen）。与之前的"千禧一代"相比，"互联网一代"具有显著的差异。其中最大和最令人不安的一种变化就是这代人的心理健康状况。"青少年抑郁和自杀的比例激增。"特文格写道。这种飙升可能主要源于青少年焦虑患者数有了大幅增加。她认为："'互联网一代'正处在几十年来最严重的心理健康危机的边缘，这毫不夸张。"[29]

究竟是什么导致了这些变化呢？特文格赞同前文中那位大学

---

① 指出生于 20 世纪末，在进入 21 世纪后成年的一代人。——编者注

心理健康中心主管的直觉：青少年心理健康大转变的时间，与美国普及智能手机的时间完全吻合。而"互联网一代"的标志性特征是他们是在智能手机和社交媒体的陪伴下长大的，而他们正在为这种成长环境付出心理健康上的代价。特文格得出结论："这种日益恶化的局面，主要归咎于他们的手机。"[30]

记者伯努瓦·德尼泽-刘易斯（Benoit Denizet-Lewis）曾于《纽约时报杂志》（*New York Times Magazine*）上发表过针对青少年焦虑障碍流行的调查报告。他也发现，在各种合理的假说中，智能手机都是共同的因素。"社交媒体软件问世之前，当然也有焦虑的孩子，"他写道，"但我采访过的许多父母都认为孩子使用数字设备的习惯，比如不停回复短信、在社交媒体上发帖、沉迷于同龄人经过筛选的不凡事迹，是导致他们心理问题的部分原因。"[31]

德尼泽-刘易斯原本以为青少年会把这种观点当成父母常见的唠叨而不予理会，可事实并非如此。"出乎我意料的是，焦虑的青少年往往会认同这种观点。"德尼泽-刘易斯曾在焦虑障碍住院治疗中心采访过一名大学生，对方很清楚："社交媒体是一种工具，可它如今变成了我们生活中不能缺少的东西。正是这一点令我们陷入疯狂。"[32]

在报道中，德尼泽-刘易斯还采访了琼·特文格，后者明确表示她原本并没有考虑智能手机这个因素："这似乎过于简单地解释了青少年心理健康恶化的原因。"可最终结果表明，这是唯一在时间上吻合的解释。[33] 可能的原因很多，从紧张的时局到日益增加的学业压力，这些早在 2011 年焦虑障碍患者激增之前就已存在。与青少年焦虑障碍患者几乎同时急剧增长的唯一因素就是拥有智能手机的年轻人数量。

"使用社交媒体和智能手机似乎就是导致青少年心理健康问题的罪魁祸首，"特文格对德尼泽-刘易斯说，"而获得更多数据之后，我们更加确定了。"[34] 为了强调问题的紧迫性，特文格在《大西洋月刊》上的那篇文章还使用了一个直言不讳的标题："智能手机是否毁掉了一代人？"

如同煤矿里的金丝雀，"互联网一代"的困境警示了独处缺失带来的危险。倘若整个群体都无意识地将独自思考的时光从生活中去除，他们的心理健康就会受到重创。仔细想想，这种观点很有道理。这些青少年都丧失了应对和理解自身情绪的能力，丧失了思考自己是谁、什么才是真正重要之事的能力，同样也丧失了建立牢固人际关系的能力，他们甚至无法允许自己的大脑停下那些本不该一直使用的关键社交"回路"，而把能量重新用于其他重要的思考任务上去。这些能力的缺失当然会导致心理障碍。

虽然大多数成年人不像"互联网一代"那样时时刻刻上网，但较为轻微的独处缺失普遍存在于其他年龄群体中，这仍然令人忧心。通过与读者交流，我了解到许多人在日常生活中都有持续的轻度焦虑。他们可能会将问题归咎于最近的危机事件，比如 2009 年的经济衰退或 2016 年那场充满争议的大选，或者认为这是成年人面对诸多压力时出现的正常反应。不过，一旦了解了独处带来的益处，看到那些彻底缺失独处的人遭受的种种痛苦，你就会发现一个更加简单的焦虑原因：人类需要独处才能成长，可近年来，我们在生活中系统地减少了这个关键部分，甚至没有意识到这一点。

简而言之，人类天生不适合时刻上网。

与外界保持联系的小屋

假设你认同独处是个人成长的必要条件，那么接下来的问题就是：在高度互联的 21 世纪，如何能找到充足的独处机会呢？要想回答这个问题，我们可以从瓦尔登湖畔梭罗的那座小屋中，获得意想不到的启示。

梭罗为了活得更有意义而隐居到康科德郊外的树林中，被人们当作独处的典范。在记述这次经历的《瓦尔登湖》中，梭罗用大篇幅描绘了他独自一人观察大自然的缓慢节奏。（看过梭罗仔细记录的湖冰在整个冬天里的变化之后，你对湖冰会有新的认识。）

然而，在《瓦尔登湖》出版后的几十年里，评论家们却不停抨击梭罗将瓦尔登湖捏造成了一个世外桃源。例如历史学家 W. 巴克斯代尔・梅纳德（W. Barksdale Maynard）在 2005 年的一篇论文中就列举出许多方面，证明梭罗在湖畔的生活绝对不是与世隔绝的。事实证明,梭罗的小屋并未建在树林中,而是树林边的一处空地上,靠近一条人来人往的公路;梭罗所住的地方距其家乡康科德只有步行 30 分钟的路程,他也经常回到康科德与人聚餐和应酬;他的朋友和家人经常到小屋去看望他;瓦尔登湖也远非一个自由自在的世外桃源,而是在当时就是和现在一样的旅游景点,前去散步或游泳的游客络绎不绝。

但梅纳德也解释,其实梭罗并没有想过将这种独处与陪伴交织的复杂情况当成需要掩盖的秘密。在某种意义上,这才是关键所在。"(梭罗的)本意并非住在荒野之中,"他写道,"而是在郊外找到野性。"[35]

在这句话中,我们可以用"独处"来代替"野性"。梭罗对与世隔绝不感兴趣,因为 19 世纪康科德的知识圈氛围出奇地活跃,梭罗并不希望自己彻底脱离这种环境。而梭罗在瓦尔登湖畔的实验中所寻求的,是在独处和社会联系之间来回切换的能力。他珍惜凝视湖冰独自思考的时光,也珍视友谊和知识的碰撞。他会像大力反对工业化时代早期那种不计后果的消费主义一样反对隐士般的生活。

在研究一些成功规避独处缺失的人士时,常常可以看到让独处与联系循环交替这个解决办法。例如,我们可以想一想林肯和雷蒙德·卡特利奇,前者曾在"村舍"里度过夏夜,第二天早上再返回喧嚣的白宫,后者则是离开事务繁忙的法院,到宁静的谷仓里去理清自己的思绪。钢琴家格伦·古尔德(Glenn Gould)在接受记者采访时，曾提出了一个公式来表示这种循环交替："我的直觉始终认为，每与他人相处 1 个小时，你都需要 X 个小时的独处时光。虽然我并不清楚 X 究竟是多少……但数值肯定很大。"[36]

我认为，在独处和联系之间规律地交替往复，正是我们在需要社会联系的文化中避免独处缺失的关键。正如梭罗示范的那样，联系本身并无不当之处，只不过，若是没有在联系与独处之间维持平衡，那么联系带来的益处就会减少。

为了帮助你在现代化生活中实现这种循环交替，下面我还为大家提供了多种践行方法——将更多的独处时光有效融入与社会保持联系的日常生活中。我没有穷尽所有方法，它们也没有强制性，不过可以把它们视为一些尝试，了解其他人在这个日益嘈杂的世界里是如何用不同方式为自己建造一座"湖畔小屋"的。

践行方法：把手机留在家里

位于得克萨斯州奥斯汀的阿拉莫·达夫豪斯电影院规定，一旦电影开始放映，观众就不准再使用手机。因为闪烁的手机屏幕会让观众分心，影响观影体验。虽然大多数影院都会礼貌地要求观众把手机收起来，不过，认真执行的却只有阿拉莫·达夫豪斯这一家。下面是摘自其网站上的官方通告：

> 对于观影期间打电话或以其他任何方式使用手机的做

法，我们都持零容忍的态度。我们保证会把你赶出影院。这类行为让我们愤怒。[37]

这条通告之所以引人注目，是因为它在电影业中独树一帜。很多拥有多个放映厅的影院都已经不再相信"人们能够在不用手机的情况下看完一场电影"了。有些影院甚至考虑正式做出让步。"你不能吩咐一个22岁的年轻人关掉自己的手机，"AMC连锁影院的首席执行官在2016年接受《综艺》（*Variety*）周刊采访时说道，"那不是他们的生活方式。"他又透露，该公司正在考虑放松他们现有（却基本上被无视）的手机禁令。[38]

影院对手机的斗争之所以失败，其实是过去10年间一种宏观变化的具体表现。这种变化就是手机从一种偶尔有用的工具变成了我们再也离不开的物品。有诸多不同的理由支持手机是一种重要的附属物。例如年轻人担心哪怕是暂时的断网，也有可能导致他们错失某件好事；父母则担心在紧急情况下没法联系到孩子；旅行者需要获得餐馆的推荐和位置导航；职员担心公司在需要他们的时候却找不到人。而且，每个人都暗自担心自己会无聊。

怪异的地方是，人们直到近来才开始有了这些担心。生于20世纪80年代中期之前的人都能清楚地记得没有手机时的生活是什么样子。虽然上述担心同样存在，但没有人太过焦虑。例如，小时候在没有驾驶执照时，若是上完体育课需要家长来学校接我，那么我会使用公共电话。有时父母正好在家，有时我得留言，并且希望他们快点听到。而迷路和问路则是在一座陌生城市里开车时常常发生的事，事实上也什么大不了的。我在学会开车之后做的第一件事，就是学会了看地图。当一对父母外出吃饭和看电影时，照看孩子的保姆在紧急情况下也很难联系到他们，可那时的父母对此却能泰然处之。

我并不是要营造对手机问世前那个时代虚伪的怀旧之情。当我们有了更好的通信工具，很多状况都得到了改善。但我想强调的是，其中大部分改善实际上都不重要。换句话说，在日常生活90%的情况下，有部手机要么无关紧要，要么仅仅是让事情变得稍微方便一点罢了。手机是有用的，但若是认为手机不可或缺，那就过于夸张了。

我们可以通过亚文化群体的经历来证实上述观点——这些活力惊人的群体，长时间都不使用手机通信。这从他们发表的描述自身经历的文章中可以看到。若是这些文章看得够多，你就会明白：没有手机的生活虽然偶尔不便，但也全然不像你预想的那么糟糕。

例如，有一位年轻女士霍普·金，自从她的手机在一家服装店里被盗之后，过了4个多月没有手机的生活。她可以立刻买一部新手机，可她认为迟迟不买新手机是表达对小偷的蔑视："瞧，你并没有害到我。"这可能有点误导，但带着善意。在一篇讲述自身经历的文章中，金还列举了生活中没有手机导致的几桩麻烦事，包括去一个新地方之前需要查好地图，还有与家人交流变得有点麻烦（她换成在电脑上用视频通话软件来与家人交谈）。她还经历了一点大麻烦，比如有一次她要和老板开会，而坐在出租车后座上的自己眼看着快要迟到了，那时的她满心希望笔记本电脑能够连上附近一家星巴克的无线信号，以便能给老板发封邮件解释。但在大多数情况下，事情并没有她担心的那样严重。一些曾经令她对没有手机的生活感到担忧的事情，实际上"都出奇地简单"。而当她终于不得不购买一部新手机（出于工作需要）时，她对自己即将回到始终联网的生活状态竟然感到紧张。[39]

这些例子都旨在强调一件事：随身携带手机的紧迫性实际上被夸大了。虽说在生活中禁用数字设备会带来不必要的烦恼，但定期远离它们几个小时并不会让生活停顿下来。更多地远离手机——我希望你相信这具有重要意义，也希望你可以做到。

■ ■ ■

既然智能手机是导致独处缺失的元凶，那么为了避免陷入这种状况，合理的做法是尽量定期远离这些设备，经常性地体验独处。我的建议是，在大多数日子里，一天中都应远离手机一段时间。可以是早上不带手机出门办点事，也可以是整晚不带手机外出。只要你觉得舒适，任何形式都是可以的。

若想这种策略获得成功，你必须放弃"没有手机会带来危机"的迷信。这种新观点主要是我们臆想出来的,但在你认清真相前仍然需要进行一定的练习。如果一开始时觉得难,也可以采取折中的办法:将手机带到自己要去的地方,但到了之后把手机留在汽车的杂物箱里。如此一来,就算出现紧急情况需要联系他人,你也可以随时取回手机,但因为并没有随身携带手机,便不会毁掉你的独处时光。假如你跟别人一起外出,那么请同伴替你保管手机的做法可能同样有效,你既可以在紧急情况下取回手机,又无法轻易拿到。

希望大家明白,这种做法并不是让你扔掉手机——大多数时候,你都可以随身携带手机,享受它带来的一切便利。我希望让你相信,过一种有时随身携带、有时不带手机的生活是完全行得通的。事实上,这还是一种简单的行为调整,保护你免遭独处缺失带来的一系列严重的后果。

践行方法:远足或散步

1889年,随着名气日增,弗里德里希·尼采(Friedrich Nietzsche)出版了一部概述其哲学思想的作品。他只用了短短的两周时间就写出了《偶像的黄昏》(Twilight of the Idols)。这本书的第一章是一些格言,而在"格言34",我们会看到尼采坚定的主张:"唯经散步所得之思想,方有价值。"[40] 为了强调,他还注解道:"久坐不动的生活,是对圣灵所犯之罪孽。"[41]

尼采的主张源自自己的亲身体会。正如法国哲学家弗雷德里克·格鲁在 2009 年出版的《论行走》中所言，1889 年的尼采即将告别上一个极其多产的 10 年，其间他从每况愈下的健康状况中恢复过来，写下了一些最了不起的作品。1879 年，尼采因为偏头痛反复发作以及其他疾病，辞去了大学教授工作。他于 1879 年 5 月递交了辞呈，那年夏末便搬到了瑞士上恩加丁山谷的一个小村庄里居住。从他辞职到出版《偶像的黄昏》的 10 年间，尼采都靠着一系列小额津贴为生。这些钱让他能过上简朴的寄居生活，也能乘坐火车往返于山区（避暑地）和海边（避寒地）之间。

正是在这一时期，尼采发现了他身边有着全欧洲风景最为宜人的小径。"他变成了传说中举世无双的行者"[42]，一如格鲁所述，在上恩加丁度过的第一个夏天里，尼采就开始散步，每天长达 8 个小时之久。在散步期间，他会边走边思考，最终写满了 6 个笔记本的散文，形成了《漂泊者及其影子》(*The Wanderer and His Shadow*)。这 10 年的散步让他撰写了诸多重要的作品，这本书就是第一部。

当然，尼采并非唯一通过散步来沉思的历史人物。格鲁还提到了法国诗人阿蒂尔·兰波（Arthur Rimbaud），一个不安的灵魂，曾多次徒步远行朝圣，经常缺钱，却满怀激情。[43] 还有让-雅克·卢梭（Jean-Jacques Rousseau），他曾经写道："除了散步，我什么都不会做，乡村就是我的书房。"[44] 关于卢梭，格鲁补充道:"一张桌子和一把椅子就足以让他感到恶心。"[45]

美国文化中也崇尚散步。温德尔·贝里也喜爱散步,他通过在肯塔基州的田野和森林中远足来理清自己的自然观。他曾经写道:

> 散步时,我总会想到林中缓慢而从容地堆积起来的泥土,我还会想到自己人生中的一桩桩事情和朋友。经过这么久,散步已经是我的文化活动。[46]

贝里很有可能是受到了梭罗的启发,后者堪称美国最热衷于散步的人。在其著名的学府演讲中,梭罗曾称散步是一种"高尚的艺术",他说:"我所谓散步,与锻炼无关……唯其本身,实乃当今之进取与冒险精神。"[47]梭罗死后,这篇演讲曾发表于《大西洋月刊》上,标题就是"散步"。

■　■　■

这些历史人物出于不同的理由推崇散步:通过散步,尼采恢复了健康,还悟出了独到的哲学见解;贝里天性中的怀旧得以成为思想;梭罗在人与自然之间找到了一种联系,他认为这是人生幸福的根本。然而,这些理由都源自散步的同一种关键特征:散步是独处的绝佳时机。在此,有必要回顾我们对"独处"的准确定义——不为他人想法影响。正是这种不为文明喧嚣所动的状态带来了前述的各种益处。尼采将在散步时诞生的思想所具有的独创性，与只在图书馆里对他人作品评头论足的学究们的思想进行对比，写道："我们并不是只有受到书本启发才能够有思想的人。"[48]

有了这些榜样的激励，我们理应把散步当成一种独处的良好方式。同时，还应留意梭罗的提醒：我们所说的散步并不是为了锻炼身体而走完短短的一段路程，而是真正深入山林中，像尼采在山谷中进行的那种远距离行走。这种散步才是有意义的独处。

我早已接纳了这一观念。当我在麻省理工学院做博士后时，曾和妻子在比肯山租下了一间小小的公寓，从那里跨过朗费罗桥到我上班的校园东侧，步行约有 1 英里远。我每天都是步行来去，不论刮风下雨。有的时候，下班后我会在查尔斯河岸边与妻子碰面。要是到得早的话，我就会看看书。确切地说，就是在那里，我首次发现了梭罗与爱默生作品的价值。

如今，由于住到了马里兰州的塔科马帕克，那里是华盛顿特区环城公路内的一个小镇，所以我便无法每天都沿着一条河长时间步行上下班了。然而，这座小镇吸引我的特点之一便是这里到处都是人行道，两旁还有精心修剪的树冠遮阴。很快，我就获得了"古怪教授"的殊荣，因为我总是在塔科马帕克的大街上走来走去。

通过散步，我达到了多种目的。在散步时，我常常会在某个专业问题上取得进展（比如解决我这个计算机科学家在工作中碰到的数学证明问题，或者构思出一本书的章节大纲），以及反思生活中我认为需要多加关注的某个方面。有时，我还会进行所谓的"感恩散步"，只为享受明媚晴朗的天气，或者体验一个我喜欢的社区。若是那段时间特别忙碌或压力很大，散步时我会在心中期待着美好季节快点到来。有时候，我会怀着实现其中一个目标的心愿开始散步，然后很快发现，我在思考一些真正需要关注的问题。在这种情况下，我会尝试顺应自己的思路，并且提醒自己，若是在充满干扰、独处缺失的状态中去注意这些问题会有多么困难。

总而言之，若是不能散步，我就会茫然不知所措，因为散步已经变成了我获得独处的最佳途径。你有越多的时间独自散步，就越能发现更多类似益处。具体做法很简单：定期长距离步行，最好是在风景优美的地方远足。你应当独自散步——不仅独自一人，在做得到的情况下，你还不能带着手机。倘若戴着耳机，或者时时关注短信，或者在社交媒体上向别人展示你正在散步的情况（但愿这不会出现），那么你并不是真正在散步，因此也不可能体会到散步带来的最大益处。就算是出于稳妥而带着手机，那也要将手机放到背包的底部。如此一来，你既可以在紧急情况下使用它，又不会一感到无聊就能轻而易举地拿到手机。（若是对不带手机感到担心，你不妨参看上一条践行方法中对这个问题的讨论。）

养成这种习惯最困难的地方在于抽出时间。以我的经验来看，你多半得努力从日程中挤出时间，因为这样的时间不太可能自然而然地出现。比如，你必须提前在日历上安排好工作日里的散步时间（上班前或下班后去散步都是很不错的做法），或者与家人协商好晚上或周末去散步的时间。放宽心中"好天气"的标准也有帮助。你可以在寒冷天气或下雪天散步，也可以在蒙蒙细雨中散步（我在麻省理工学院工作的那段时间就明白了一条好雨裤的重要性）。有一次，我甚至在一场飓风过境时，和我的狗一起走了短短的一段路——只是如今回想，那可不是什么明智之举。

虽然有些难以做到，但这些习惯带来的回报却很可观。定期散步让我变得快乐和有效率得多。古往今来有很多人物，当他们把独处时光增添到忙碌不休的生活中后，也收获了同样的益处。

梭罗曾经写道：

> 我想，除非每天至少花 4 个小时（通常这都不够）漫步于林中，越过山丘和田野，彻底摆脱尘世的所有束缚，否则我就无法保持健康，也没有充沛精力。[49]

我们中的大多数人或许都无法比肩梭罗对散步投入的热情。不过，若是能够为梭罗的远见卓识所鼓舞，尽量多花些时间去参与散步这种"高尚的艺术"，我们也能够保持健康，变得精力充沛。

践行方法：给自己写信

我家中的办公室里有一座书架，顶层摆着 12 本黑色的袖珍魔力斯奇那（Moleskine）笔记本。第 13 本还放在我的挎包里。第一本笔记本还是我在 2004 年夏季买的，而当我写下这些文字的时候，已到 2017 年初秋，所以差不多每年我都会用完一本笔记本。

随着时间的推移，这些本子的用途也发生了变化。我的第一篇日记写于 2004 年 8 月 7 日，在我的第一本笔记本上。在开始读研究生之后不久，我便在麻省理工学院的库普书店买下了那本笔记本。因此，第一篇日记的标题"麻省理工学院"起得恰如其分，里面我列了自己在研究计划方面的一些想法。在第一本笔记本中，早期日记的主题大都集中在专业方面。除了读研究生时碰到的一些问题，还有很多内容是在推销我的第一本书——2005 年初出版的《如何在大学里脱颖而出》(How to Win at College)。如今看来，这些日记都很有意思，很多都带着那个时期的文化色彩，读来令人忍俊不禁。[例如在有篇日记里，我郑重其事地宣称："借鉴霍华德·迪恩①的竞选运动，赋权于民"；另一篇既提到了 UGG 牌雪地靴，也提到了 21 世纪初的热门真人秀节目《奥斯本一家》(The Osbournes)——我发誓这绝不是杜撰的。]

---

① 霍华德·迪恩（Howard Dean，1948—），美国医生、股票经纪人兼政客。——译者注

然而到了 2007 年初，日记内容便从专业计划拓宽到我对人生更全面的思考与想法了。这一时期里，有篇日记题为"本学期要重点关注的 5 件事"，还有一篇详细说明了当时我正在进行实验的组织系统"白页生产率"（blank page productivity）。2008 年秋季，这些日记见证了一个较为重大的转变，我开始进行更深刻的自省。其中一篇题为"更好"的日记为我未来的职业生涯和个人生活描画了一幅图景。在日记的结尾，我郑重要求自己"只接受自己优秀的一面"。

同年 12 月，我写了一篇题为"计划"的日记，列出了我的人生价值观，并将它们分别归入了"人际关系""美德"和"品质"3 个类别。我仍然记得这是我在波士顿哈佛广场边公寓楼四层一间房间的床上写的。当时，我刚刚陪一位失去了亲人的朋友守丧回来，顿时觉得把握住那些我看重的事物很关键。这篇日记还让我养成了一个习惯：每次开始使用新的笔记本，我都会把自己持有的价值观抄录在前几页上，并以"计划"为题。

2010 年的日记尤其有意思，其中一些思想成了我后来 3 部作品的萌芽，即《优秀到不能被忽视》（*So Good They Can't Ignore You*）、《深度工作》以及这本书。近来重阅这些日记时，我惊讶地发现自己对于一些问题的思考获得了长足的进步，例如职业规划中激情的危险性，通用计算时代专门编程匠艺的力量以及一种专门针对技术的新极简主义（我称之为"简朴 2.0"）的吸引力等颇具预见性的问题。

2012年底，我的第一个孩子出生了。因此，2013年的日记里全是我对如何当一位好父亲的想法和紧迫计划。我最近的日记主要在展望未来：如今我已经成功地成了一名终身教授和职业作家，以后的岁月我应当如何度过。可能我需要好几本笔记本才能想清这个问题，但如果过去的脚印是一位值得信赖的引路人，我就一定会实现自己的目标。

■　■　■

我写在笔记本中的其实并非严格意义上的"日记"，因为我没有定期写日记的习惯。翻一翻其中内容，你就会发现这些日记毫无规律可言：有时一星期内我会写上数十页，有时却可能好几个月都不写新日记。2006年平淡无奇，其间我主要在埋头学习，想要提前完成研究生课程，所以全年都没有写过一篇日记。

这些笔记本发挥了一种独特的作用：它们提供了一种方式，让我在面对复杂决定、愤怒情绪或者灵感勃发时可以给自己写信。以散文的形式将自己的想法组织成文字后，我的思路常常会变得清晰起来。我养成了定期重温这些日记的习惯，不过这种习惯经常是多余的——写作本身已经让我受益匪浅。

在前文中，我介绍过雷蒙德·卡特利奇和迈克尔·欧文对独处的定义，即用于独自思考、不受他人想法影响的时光。给自己写信正是创造独处状态的绝佳方法，不但可以让你摆脱外部信息的影响，还提供了一种概念框架，让你对自己的思想进行分类和组织。

毫无疑问，我并不是唯一一个发现了这个妙招的人。正如卡特利奇和欧文在书中所述，德怀特·艾森豪威尔在一生中都会借助"用写作思考"来做出复杂决定和掌控强烈的情绪。[50] 当然，他也不是唯一有此习惯的领导人物。林肯住在"村舍"里时，就有把自己的想法记在纸片上，再放到帽子里保存起来的习惯。[51]（事实上，《解放黑人奴隶宣言》的初稿就是由他记在纸片上的一些想法整理而成的。受此启发，如今管理着"村舍"遗址的那家非营利性机构还开展了一个项目，鼓励年轻学生进行更具独创性的思考。这个项目就叫作"林肯的帽子"。）

因此，当你面对困难或犹豫不决时，可以抽出时间给自己写上一封信。你可以效仿我的做法，使用一本专门的笔记本，也可以像林肯一样，在需要的时候抓起一张纸，把自己的想法记录下来。关键在于写作本身。这样的行动可以让你在独处中得到收获，既摆脱了那些诱人的数字小工具和干扰你的成瘾性内容，又提供了一种有条理的方式去理解当下生活中重要的事。

这个方法简单易行，但极其有效。

第五章

不要点赞

体育史上最伟大的对决

2007年，美国娱乐与体育电视网（ESPN）播出了该频道有史以来最古怪的一场比赛：美国石头剪刀布联盟（USA Rock Paper Scissors League）的全国锦标赛。如今油管上还有这场冠军争夺赛的视频：[1]比赛一开始，解说员就兴奋地介绍了两位"石头剪刀布高手"，并且一本正经地宣布，观众即将见证"体育史上最伟大的对决"。

比赛在一个迷你的拳击场中举行，场中立有一座平台。第一位参赛者戴着眼镜，身穿卡其裤和短袖衬衫。他费力爬进迷你拳击场时还被绳子绊了一跤。通过解说，我们得知此人的绰号是"陆地狂鲨"。接着第二位参赛者入场，他的绰号是"最强大脑"，也穿着卡其裤。他爬进了拳击场，没有摔倒。"这可是个好兆头。"解说员不失时机地解说道。

一位裁判入了场，用手在平台上挥了挥，示意第一场比赛开始。两名选手都必须握拳数上三下，然后向下伸手展示自己所出的手势。"最强大脑"出的是布，而"陆地狂鲨"出的是剪刀。"陆地狂鲨"得分！观众都喝起彩来。不到 3 分钟，"陆地狂鲨"便用布击败了"最强大脑"所出的石头，因比分领先赢得了这场锦标赛和 5 万美元的奖金。

第一次听到石头剪刀布大赛时可能会觉得有些傻。与扑克或国际象棋比赛不同，石头剪刀布听上去没有什么施展策略的余地。若真是这样，比赛的结果应当是随机的。不过实际情况并非如此，在 21 世纪初这项锦标赛最火热的时候，总是同一批技术高超的选手在比赛中领先，而一名战绩优秀的老手与新手较量时，技巧的作用甚至更加显著。[2] 在联盟制作的一段宣传视频中，一位号称"罗尚博大师"①的锦标赛高手在拉斯维加斯一座酒店的大堂里向陌生人发起临时比赛，而几乎每一次都是"罗尚博大师"获胜。[3]

出现这种结果的原因与人们的设想恰好相反，石头剪刀布也需要策略。然而，将"最强大脑""陆地狂鲨"和"罗尚博大师"这样的高级选手与普通玩家区别开的，并不是前者记住了一系列乏味套路或在统计上有什么妙招，而在于他们老练地把握住了一个更宏大的主题——人类的心理。

---

① 这个绰号，是用法语名"罗尚博"（Rochambeau）开的玩笑，因为罗尚博是石头剪刀布的俚称。

一名强大的石头剪刀布选手会将对手的肢体语言、近期赛绩等一系列丰富的信息进行整合，用以评估对手的心理状态，从而对接下来的比赛做出可靠的预测。他们还会通过一些微妙的动作和语言诱导对手想到某种招式。他们的对手有可能注意到这些诱导，相应调整自己的出招。当然，这位选手也可能会料到这一点并再次做出调整，以此类推。所以，参加石头剪刀布锦标赛的选手经常说这种比赛让人感到筋疲力尽，也就不足为奇了。

为了了解这种机制是如何发挥作用的，我们不妨回头看一看前文中2007年锦标赛的第一个回合。就在两位玩家开始数1、2、3前，"最强大脑"说了一句："我们开始吧。（Let's roll.）"这句话看似无关紧要，但正如解说员指出的，这是一种"隐性要求"，让对手出石头［因为一提到滚动（rolling），就会诱导大脑想到石头（rock）］。在用这句话含蓄地敦促对手出石头之后，"最强大脑"便出了布。然而他的策略弄巧成拙，"陆地狂鲨"注意到了对手的策略，猜出了"最强大脑"即将出布，所以他出了剪刀，赢得了这个回合。

■　■　■

理解石头剪刀布锦标赛中的策略对我们的讨论很重要。因为他们所采用的策略凸显出了我们每一个人都拥有的一种天赋，那就是进行复杂社交思考的能力。将这种能力用于赢下石头剪刀布锦标赛需要专门的练习，但绝大多数人都没有认识到，在日常交往当中同样可以将"社交引导"（social navigation）和"心理揣测"（mind reading）这两种高难的社交技巧发挥到极致。很多时候，我们的大脑都可以视作一台复杂的社交电脑。

因此，对任何可能干扰我们与他人之间联系和沟通的新技术，都应持谨慎的态度。若是对于人类这个物种的成功至关重要的能力受到干扰，就很容易引发问题。

在下文中，我将详细说明大脑如何进化出对丰富社交互动的渴望，并探讨当使用虚拟接触取代这种互动后可能导致的严重问题。最后，对于想要避开这些问题，同时保留新交流工具带来的种种好处的数字极简主义者，我会提供一种稍显激进的策略，让新的交流工具助力传统互动方式。

社会性动物

人类特别喜欢互动和交流，这种观点并不新鲜。亚里士多德有一句名言："人类天生就是社会性动物。"[4] 然而令人惊讶的是，我们直到最近才从生物学角度证明这种哲学直觉是完全正确的。

这一关键时刻出现于1997年。当时，华盛顿大学的研究团队在著名的《认知神经科学杂志》（Journal of Cognitive Neuroscience）上发表了两篇论文。[5] 此前，为医疗开发的正电子发射断层显像（PET）被引入神经科学研究领域，为研究人员观察大脑活动提供了突破性的方法。华盛顿大学的研究团队收集了由此开展的一系列大脑成像研究以调查一个简单的问题：大脑中是否有某些区域参与到了所有类型的大脑活动中？

心理学家马修·利伯曼（Matthew Lieberman）在2013年出版了《社交天性》（Social），他在书中总结：最初的分析结果"令人大失所望，只有很少区域的活跃度增强，且它们都不是很有意思的大脑区域"。[6]但研究小组并未就此罢手，他们决定提出一个相反的问题：当一个人不做某项任务时，大脑当中哪个区域会处于活跃状态呢？"这是一个非同寻常的问题。"[7]利伯曼指出，但我们应当庆幸这个问题带来了一个非凡的发现：当你不尝试完成任何认知任务时，大脑当中会有一组特定区域始终处于活跃状态；而一旦你把注意力集中在某件事物上，这些区域就会陷入不活跃的状态。

由于几乎任何一项认知任务都会导致这组特定区域的神经网络关闭，所以研究人员起初称之为"任务诱导网络失活"（the task-induced deactivation network）。但由于这个名称太过拗口，最终精简为一个比较容易记住的名称："大脑默认网络"（the default network）。

起初，科学家们并不清楚大脑默认网络的功能。他们虽然知道一长串可以将这个网络关闭的任务（也就是大脑默认网络没有的功能），却几乎不了解它真正的功能。然而，就算没有可靠的证据，科学家们也根据经验形成了一些直觉。马修·利伯曼活跃在大脑默认网络的研究中,他能指引我们了解具体的情况。

据利伯曼回忆,网络成像的方法是要求实验对象在 PET 扫描仪中暂停执行实验要求的某项重复性任务。由于实验对象并未执行任何具体任务,研究人员容易误认为大脑默认网络在一个人什么都不想时激活。但是,稍微反省一下就会发现,我们的大脑实际上几乎没有什么都不想的时候。即便是没有具体的任务,大脑也往往会保持高度活跃状态,在持续的喧嚣中闪过各种各样的思绪和念头。进一步思考之后,利伯曼便认识到,这种嘈杂的背景活动往往主要是一些关于"别人、自己或者二者兼有"的念头。[8] 换言之,大脑默认网络似乎与社交认知有关。

一旦明白自己要寻找的是什么,科学家们很快便发现大脑默认网络的区域与社交认知实验中活跃的大脑区域"几乎一致"。[9] 换句话说,我们的大脑若是处于"放空"状态,会自然开始思考我们的社交生活。

在此,利伯曼的研究出现了一个很有意思的转折。第一次得出大脑默认网络具有社会性的结论时,他还不以为然。与这一领域内的其他研究者一样,他注意到人们天生就对自己的社交生活有着强烈的兴趣,人们感到无聊的时候都喜欢想一想社交方面的事情。然而,随着利伯曼对社交认知的研究逐渐深入,他的观点有所改变。"我开始觉得我把这些网络之间的关系颠倒过来了,"他写道,"而且,这种逆转具有极其重要的意义。"他认为,"我们之所以对社交生活感兴趣,是因为我们天生就会在空闲时间里打开大脑默认网络。"[10] 换言之，只要关闭了认知功能，大脑天生就会自动进行社会性思考。而正是这种思考导致我们关注自己的社交生活。

利伯曼及其合作者还设计了一系列巧妙的实验，来证实这种假说。例如，他们在一项研究中发现，即便是在新生儿身上，大脑默认网络在认知功能关闭期间也会活跃起来。在婴儿身上发现这种大脑活动之所以意义重大，是因为婴儿"显然尚未培养出对社交生活的兴趣。……（作为研究对象的婴儿）甚至还无法集中他们的注意力。"[11] 因此，这种行为必定属于一种本能。

在另一项研究中，研究人员将（成年）受试者置于扫描仪下，然后要求他们解答一些数学题。他们发现，就算在两个问题之间只给受试者留下3秒钟的间隔（这段时间太短，让受试者来不及去想别的东西），受试者的大脑默认网络也依然会被激活，以便填补那段小小的间隙，进一步表明社会型思考的冲动就像一种本能反应。

这一发现表明了社会联系对人类幸福具有根本性的意义。正如利伯曼总结："数百万年的进化并未导致大脑花费空闲时间去思考与我们的生活无关的事情。"[12] 但是，重要的不止大脑默认网络。利伯曼及合作者在另外的实验中还发现了人类的进化在社交方面"押下了重注"——让其他重要系统适应人类的社交需求。

例如，社会联系缺失触发的系统与导致生理疼痛的相同，从而解释了家人去世、分手，甚至仅仅遭受冷落都有可能让人感到痛苦。在一项简单的实验中，人们发现非处方止痛药能够减轻社交痛苦。考虑到痛觉系统对行为具有强大的驱动力，那么它与社交生活之间的联系就凸显了社交对于人类这个物种的生存具有重要意义。

利伯曼还发现，人类大脑把大量资源分配给了大脑默认网络和执行认知任务的网络，它们共同致力于实现心智化——帮助我们去理解别人的思想，也包括理解他人的感受和意图。就算是一些非常简单的事情，比如跟商店里的一位店员随意交谈两句，也需要我们运用大量的神经元计算能力，才能获取和处理大量关于"店员心中在想些什么"这一问题的线索。尽管这种看透别人心思的能力似乎是天生的，但它实际上却是大脑网络在经历数百万年进化后完成的一项惊人复杂的壮举。本章开篇提到的石头剪刀布锦标赛冠军们利用的正是这两种具有高度适应性的系统。

上述实验仅仅是社交认知神经科学研究中一些关键突破，但它们全都指向了一个相同结论：人类天生具有社会性。换言之，亚里士多德称人类为社会性动物的论断是正确的。然而，有了先进的大脑扫描仪之后我们才意识到他有可能低估了这一事实的重要性。

■　　■　　■

人类在社交上的高度适应性是进化史上令人着迷的一个篇

章。然而，它也是任何一位数字极简主义者都应当留心的事实。在充满丰富、面对面的互动与小型部落群体的环境中，上述两种错综复杂的大脑网络已经进化了数百万年。相比之下，过去20年间数字交流工具（对通过数字网络来交流的应用程序或服务的统称）的迅速普及却让人们的社交网络变得范围更广，不再局限于本地，同时还鼓励人们通过简短的、以文字为基础的短信和"点赞"来进行交流。然而这两种交流方式承载的信息量却远远不能满足我们通过进化形成的对信息的需求。

不出所料，旧有的神经机制与现代创新之间的矛盾已经带来了问题。正如20世纪中叶发明的过度加工食品导致了全球健康危机，数字交流工具这种社交快餐同样具有令人意想不到的副作用，令人担忧。

社交媒体悖论

判断数字交流工具对心理健康带来的影响，是一个复杂的问题。虽然针对这一问题的科学研究不少，但不同的研究者却会从相同的文献资料中得出不同的结论。

我们不妨来看一看关于这一问题的两种截然不同的观点，都发表于2017年差不多同一时期。第一种观点来自美国公共广播电台在当年3月发布的一则报道，其中总结了两项新研究的重要结果。研究的主题都是使用社交媒体与幸福感之间的关联。[13]而两项研究都发现,使用社交媒体与一系列消极因素之间具有强相关性,包括孤独感和健康状况不佳等。美国公共广播电台这则报道的标题充分概括了研究结果:"觉得孤独?过度使用社交媒体可能就是原因。"

就在这篇文章发表之后不久,脸书公司研究团队中的两位成员也发布了一篇博文,针对 2016 年那场颇具争议的大选后高涨的批评浪潮,为他们的产品进行辩解。在这篇博文当中,两位作者承认社交媒体的某些用途有可能让人们流失快乐,但他们接着指出同样也有不少研究证实若是"使用得当",研究对象的快乐就会显著增加。[14] 他们还指出,利用脸书跟朋友及爱人保持联系"会给我们带来欢乐,并且巩固我们的社群意识"。[15]

换言之,社交媒体既让我们感到孤独,又给我们带来快乐。至于究竟哪种情况是真实的,则取决于你问的是谁了。

为了理解这两种截然不同的结论,我们不妨仔细看一下前文中的研究。脸书员工博文引用的支持性论文中,主要的一篇由莫伊拉·伯克(Moira Burke)和罗伯特·克劳特(Robert Kraut)两人撰写。[16] 前者是脸书公司的数据专家(也是那篇博文的作者之一),后者则是卡内基梅隆大学的一位人机交互专家。这篇论文发表于 2016 年 7 月的《计算机媒介通信杂志》(*Journal of Computer-Mediated Communication*)上。在这项研究中,伯克和克劳特招募了大约 1900 名脸书用户,他们同意在接到研究人员的提示之后,对自己当前的幸福感进行量化评估。然后,研究人员利用脸书的服务器日志，将特定的社交媒体活动与用户的幸福感得分关联起来。他们发现，收到某位熟人所写的"定向"和"原创"信息（比如家人发送的评论）时，用户的幸福感会更强。另外，收到不熟的人发送的"定向"或"原创"信息以及点赞，或者阅读推送给多人的状态更新，则与提升幸福感没有关联。

那篇博文引用的另一篇支持性论文，由柏林自由大学的社会心理学家芬内·德特斯（Fenne Deters）和亚利桑那大学的马蒂亚斯·梅尔（Matthias Mehl）共同撰写。[17]他们的论文发表在2013年9月的《社会心理学和人格科学》（*Social Psychology and Personality Science*）杂志上。在该研究中，梅尔和德特斯两人展开了一项对照实验。实验为期一周，其间他们要求部分实验对象在脸书上发布比平时更多的帖子，但对其他实验对象则没有提出任何要求。最终，被要求发布更多帖子的实验组在这一周里报告的孤独感，低于对照组。经过询问，研究人员发现出现这种情况的主要原因是实验组里的人觉得他们每天与朋友的联系变得更加紧密了。

这两项研究，似乎令人信服地证明社交媒体提升了人们的幸福感，消除了孤独感。不过，得出结论前我们不妨再来看看美国公共广播电台同时期发表的文章中引用的两项否定性研究。

第一项研究由匹兹堡大学布莱恩·普里马克（Brian Primack）领头的跨学科大型研究团队完成。研究的论文在2017年7月发表于著名的《美国预防医学杂志》（*American Journal of Preventive*

Medicine）上。[18] 普里马克的研究团队对全美范围内 19 岁至 21 岁的成年人进行了抽样调查，使用的随机抽样方法与民意调查机构在选举期间用于评估民众支持率的方法一致。在这项调查中，研究人员提出了一组标准问题来测评实验对象的"感知性社交孤立"（PSI）——一种衡量孤独感的指标。研究人员还询问了实验对象使用 11 款主要社交媒体平台的情况。对数据进行分析之后，研究人员发现，一个人使用社交媒体的频率越高，感到孤独的可能性也就越大。事实上，实验对象当中，社交媒体使用频率最高的四分之一人群与最低的四分之一人群相比，感到孤独的可能性高达 3 倍。研究人员在对照了年龄、性别、人际关系状况、家庭收入和教育程度等因素之后，这些结论依然成立。普里马克承认研究结果令他感到惊讶："这可是社交媒体啊，难道人们不该进行社交吗？"[19] 可数据清楚地摆在那里——以社交媒体来"联系"他人的时间越多，你就越有可能感到孤独。

美国公共广播电台引用的另一份研究报告，由加州大学圣迭戈分校的霍莉·莎克雅（Holly Shakya）和耶鲁大学的尼古拉斯·克里斯塔基斯（Nicholas Christakis）二人完成，发表在 2017 年 2 月的《美国流行病学杂志》（*American Journal of Epidemiology*）上。莎克雅与克里斯塔基斯使用了一项全国的固定样本连续性调查中 5200 多名调查对象的数据，观察了调查对象使用脸书的行为，并研究这些行为与他们自我报告的身体健康、心理健康和生活满意程度等生活质量指标的相关性。正如他们在报告中所写的:"研究结果表明,整体上使用脸书与幸福感之间具有负相关性。"[20] 他们发现,点赞或者点击链接的次数每增加一个标准差,就会让你的心理健康程度下降一个标准差的5%至8%。与普里马克的研究一样,在对照了相关的人口统计变量之后,这种负相关性依然成立。[21]

这些针锋相对的研究,似乎提出了一个悖论:社交媒体既会让你与他人产生联系,又会让你觉得孤独;既会让你觉得快乐,又会让你感到悲伤。为了理解这一悖论,我们不妨看看前文中这些实验的设计情况。得出了支持性结论的研究,关注的是社交媒体用户的具体行为;而得出否定性结论的研究,关注的是用户对社交媒体服务的整体使用情况。人们往往会想当然地将行为与结果关联在一起:如果常见的社交媒体使用行为能够提升用户的幸福感,那么,社交媒体用得越多,改善情绪的行为就越多,而你也理应变得更幸福。可这无疑与研究人员在否定性研究中发现的结果截然相反。

所以,其中必定还有其他因素在发挥作用,随着你更频繁地使用社交媒体,这种因素产生的消极影响远远盖过了较小的积极作用。幸好,霍莉·莎克雅替我们圈定了一个怀疑对象:你越是频繁使用社交媒体来与人互动,那么用于线下交流的时间就会越少。莎克雅曾对美国公共广播电台说:"目前已有证据表明,用社交媒体上的联系来取代现实世界中的人际关系,对你的幸福有害无益。"[22]

为了支持这一观点，莎克雅和克里斯塔基斯还对面对面的互动交流进行了测评，发现它们具有积极的影响。这一发现如今已经在社会心理学领域得到广泛引用。他们指出，使用脸书的消极影响与线下交流带来的积极影响相当，因此我们应当有所取舍。

因此，问题并不是使用社交媒体会直接导致我们不幸福。事实上，研究已经发现，当某些在线社交活动在一项实验中孤立进行时，会适度地提升人们的幸福感。可问题在于，使用社交媒体往往会让人们远离现实世界中的社交活动，而后者远比前者可贵。那些否定性的研究则显示使用社交媒体越频繁，用于线下交流的时间往往就越少，损失的价值也就越多，这让使用社交媒体最频繁的人更容易感到孤独和痛苦。在一位朋友的留言墙上发言或给他们发布的最新照片点赞的做法虽然会给你带来微小的积极影响，却根本无法弥补不在现实世界中付出时间陪伴朋友所带来的巨大损失。

正如莎克雅的总结："我们希望人们小心……原本应该与朋友一起交谈或喝咖啡的时间，被点赞帖子这种行为取代了。"[23]

■　■　■

在现实世界中互动比线上交流更加可贵这个观点并不轰动。我们的大脑是在只存在面对面交流的情况下进化而来的。这些线下交流异常丰富多彩，因为这要求我们的大脑处理大量微妙的、类似线索的信息，比如肢体语言、面部表情和语音语调。虽然数字通信工具提供的"低带宽"聊天技术可以制造线下交流的表象，但这种聊天会闲置我们大脑中大多数的高性能社交处理网络，从而削弱了通过数字通信工具满足强烈社交需求的能力。这也是为什么，脸书上的一则评论或照片墙上的一个点赞尽管真实，但与一场对话或一起参与现实世界中的活动所产生的意义相比，却会显得微不足道。

我们并无充足的数据来解释当人们有数字通信工具可用时，为什么就会选择线上而非线下交流。但根据经验，不难得出可靠的假说。一个显而易见的原因就是线上交流比当面对话更加容易和快捷。人类天生偏好在短期内耗费能量更少的活动，即便从长远来看这些活动有害。所以，我们最终会选择给自己的兄弟姐妹发短信而不是打电话，或者给朋友发布的婴儿照片点赞，而不是前去拜访。

还有一种更加隐蔽的影响，那就是数字通信工具有可能颠覆你的线下交流方式。由于我们联系他人的原始本能极其强大，所以在与朋友交谈的时候，或者在给孩子洗澡的过程中，往往很难抵挡查看手机的冲动，从而降低了眼下正在进行的线下交流的质量。我们的大脑无法轻易分辨出那个在房间里陪伴我们的人与刚刚给我们发了一条信息的人，哪个更加重要。

本书第一部分详细说明了很多数字工具都旨在劫持我们的社交本能，制造令人成瘾的诱惑力。若是每天都花上数小时强迫性地点击鼠标和刷新屏幕，那么你用于节奏较为缓慢的互动交流的自由时间就会少得多。由于这种强迫性的使用带有社交的假象，所以能够产生误导作用，让你以为充分维护了人际关系，因而觉得没必要采取行动去进一步巩固。

显然，本书并不能列出数字通信工具可能带来的所有危害。例如，一些批评人士认为，社交媒体会让我们觉得自己被排挤或无能，还能诱发令人精疲力竭的愤怒情绪，煽动种种最邪恶的本能，甚至削弱民主。然而，在本章的余下部分，我并不想对社交媒体领域内可能存在的种种病态现象展开探讨，而是把注意力放在线上互动与线下交流之间的"零和"关系上。我相信，这既是数字通信时代最根本的问题，也是数字极简主义者试图驾驭这些新工具时必须了解的最大陷阱。

重拾交谈

到目前为止，我们只是通过沉闷无趣的术语将依靠短信等手机功能进行的互动与人类本能中渴望的传统交流方式区分开来。接下来，我想借用麻省理工学院雪莉·特克（Sherry Turkle）教授的说法，她是技术主观体验研究领域里的一位领军人物。在2015年出版的《重拾交谈》（*Reclaiming Conversation*）一书中，特克将"联系"（线上社交生活中的"低带宽"交流）与"交谈"（人类在现实世界中相遇时进行的信息丰富的"高带宽"交流）

进行了区分。特克也赞同交流对人类而言至关重要：

> 面对面的交谈是我们所做的最人性化的事情。通过对彼此敞开心扉，我们学会了倾听。在面对面的交谈中，我们培养出了感同身受的能力，也体会到了被人倾听、被人理解的喜悦。[24]

在书中，特克举出一些人类学案例，验证了前述定量研究发现的"逃离交谈"现象。特克还通俗易懂地讲述了"交谈"被"联系"取代后导致幸福感降低的问题。[25]

例如特克提到，一些中学生由于很少有机会在交谈时观察对方的面部表情，导致他们缺乏共情能力。此外，特克一位34岁的同事也逐渐认识到，她的线上交流全都带有令人疲惫的表演性质，已经达到了让她分不清现实与表演的地步。把注意力转向工作场合后，特克发现年轻员工之所以更喜欢收发电子邮件，是因为一想到要与他人进行没有条理的交谈就让他们感到害怕，并且一旦从微妙的"交谈"变成容易引起误会的"联系"，还会制造不必要的职场紧张气氛。

在特克参加电视节目《科拜尔报告》（*The Colbert Report*）时，主持人斯蒂芬·科拜尔（Stephen Colbert）曾向她提出过一个"深刻"的问题，直击特克论点的核心："简短的推文、一点一滴的在线联系累积起来，难道无法构成一次真正的交谈吗？"

特克的回答非常明确：不能。[26] 她说："面对面的交谈是慢慢展开的，它能教人保持耐心。我们也会注意到对方语音、语调细微的差异。"但是，"若我们用数字设备进行交流，则会习得完全不同的习惯"。[27]

身为一个真正的数字极简主义者，特克采取了明智的立场来看待使用数字通信工具这件事，并没有完全摒弃这些工具。她曾写道："我的论点并非反对技术，而是认为应当促进交谈。"[28] 她坚信我们可以做出必要的改变，重新开始让自身成长的交谈。尽管"当前的形势很严重"，特克却依然乐观地认为，一旦我们意识到用线上联系取代交谈会出现的问题，就会重新考虑自己的做法。[29]

我虽然赞同特克的乐观态度，相信我们可以用极简主义的方法去解决这个问题，但做到这一点需要付出的努力之艰巨让我对此比较悲观。在《重拾交谈》的最后，特克提出了一系列建议，希望我们在生活中进行更多高品质的交谈。这些建议的目的无可挑剔，但有效性却值得怀疑。正如前文所述，若是没有目的地使用数字通信工具，它们就会迫使你在交谈和线上联系之间做出取舍。若是不改变自己与社交媒体、手机短信等数字工具之间的关系，那么试图往生活中硬塞进更多交谈的做法就很可能失败。这不是简单地增加真正的交谈次数就行——必须要有根本的行为改变。

要想成功实践数字极简主义，你必须用一种对自己有意义的方式，在"交谈"与"联系"之间找到平衡。为了帮助你找到这样的思路，在下文中我将提出一个稍显激进的解决办法——一种适合数字时代的社交理念。我个人认为它很有吸引力。这种理念是"以交谈为中心的交流"。你可以根据需要适当变通，以适应自己社交生活中的现实情况。

■　■　■

许多人觉得"交谈"和"联系"是维持社交生活的两种不同策略。他们认为，你可以用多种方式来处理生活中重要的人际关系，就现代社会而言，你应当用上所有可用的手段，从传统的当面交谈到在照片墙的帖子下面点赞。

以"交谈"为中心的交流理念则持有一种更加强硬的立场，认为"交谈"是对维持人际关系唯一重要的互动形式。"交谈"既可以采取面对面的形式，也可以通过视频聊天或打电话——只要这种交谈符合雪莉·特克的标准：其中含有微妙的线索（比如你的语调或表情）。任何一种文本性的、非互动性的交流形式（通过社交媒体、电子邮件、短信和其他即时通信工具进行的交流）都不算交谈，都应归入单纯的"联系"一类。

这种理念将"联系"降为一种辅助性的角色。"联系"是为了实现两个目标：发起或安排一场对话，有效地传递实用信息（比如会面地点或活动时间）。"联系"不再是"交谈"的替代品，而是协助"交谈"的手段。

就算赞同"以交谈为中心的交流"，你也依然可以保留一些社交媒体账号来辅助"交谈"。不过整天不断地浏览、不时点赞、发表评论、更新状态、急不可耐地查看反馈信息等诸多习惯却会一去不复返。这样一来，将这些应用程序留在手机上就没有多少意义了，因为它们将会妨碍你尝试更丰富多彩的交流。相反，为了特定目的而偶尔使用电脑端的程序才更加有效。

同样，你也仍然可能需要通过发短信来简化信息收集过程、协调社交活动或快速解决问题，但你将不再整天无休止地收发文字信息。真正重要的社交活动变成了实实在在的交谈，短信不再是交谈的替代方式。

请注意，"以交谈为中心的交流"符合真正的极简主义原则，并不会要求你放弃数字通信工具的各种便利之处。这种理念反而承认数字通信工具能够为你的社交生活带来显著好处，还能大大简化安排一次"交谈"的过程。倘若你在一个周末下午突然有了一段空闲时间，那么只要迅速发上一轮短信，多半能顺利找到一个愿意跟你一起散步的朋友。同样，社交媒体服务也可以提醒你一位老朋友要来城里，让你提前安排好和对方共进晚餐。

数字通信领域里的各种创新还能提供廉价而有效的方式，消除你在寻求"交谈"时遇到的距离障碍。当我的姐姐住在日本时，我们经常会一时兴起在即时通话软件上聊天，就像临时起意去拜访一位住在街那头的亲戚。这是人类历史上从未有过的。简而言之，只要数字工具能用于改善而不是损害你在真实世界中的社交生活，那么技术就不会违背"以交谈为中心的交流"这一理念。

需要说明的是，"以交谈为中心的交流"也需要我们做出牺牲。如果接纳这一理念，那么与你保持活跃关系的人数将会减少。真正的"交谈"需要时间，而你能够花时间"交谈"的人数会远远少于通过关注、转发推文、点赞、评论或短信来维持关系的人数。如果你不再把这些活动看成是有意义的交流，那么一开始时你会感觉社交圈缩小了。

然而，这其实是一种错觉。正如我在前文中提出的，"交谈"是人类渴望的一种有益体验，它提供了个人成长所需的群体归属感。另一方面，"联系"虽然具有一时的吸引力，却满足不了我们的需求。

采用"以交谈为中心的交流"在一开始可能会让你怀念斯蒂芬·科拜尔所说的"一点一滴的在线联系"提供的安全感，而突然失去社交网络边缘的微弱联系也有可能让你产生一阵阵孤独感。不过，随着你将更多线上联系的时间用于与人交谈，这种传统交流带来的充实感将远远胜过你放弃的一切。雪莉·特克在著作中提到了一项研究，该研究发现只要在没有电话或网络的情况下参加 5 天的露营，就足以大幅提升参与者的幸福感和联系感。[30] 也许不用与朋友时常散步或煲上很多次电话粥，你就会开始疑惑自己为什么会无视坐在眼前的人，而觉得去不熟的人的照片动态下留言有那么重要。

■ ■ ■

不管你是否接受"以交谈为中心的交流",我都希望你接受它发人深省的前提:人类根深蒂固的社交需求与现代数字通信工具之间的关系令人忧心,若不谨慎对待,就有可能在我们的生活中造成严重问题。你不能指望别人在宿舍或硅谷某个企业孵化器的乒乓球桌旁构思出的应用程序,能够成功地取代我们数百万年来进化出的、丰富多彩的交流方式。我们的社交需求太过复杂,既不能一手交给社交网络,也不能简化为即时信息和表情符号。

任何一位数字极简主义者都需要直面这种现实,并且处理好自己与这些工具之间的关系。我建议大家采用以"交谈"为中心的方法来达到这一目的,因为我担心任何一种采取双重方法的尝试(将数字交流与真实的交谈相结合)最终都会失败。当然,也许有人比我更擅长让这二者保持平衡,所以我并不会教条地规定二者的比例。关键是你所做的决定背后的意图,而不一定是决定的具体内容。

为了帮助大家理解这种极简主义的思维方式,本章结尾将提供一系列具体的践行方法,来协助你重拾"交谈"。这些建议并不全面,也不具有强制性,但它们会让你明白自己可以做出什么决定,来重拾我们天生渴望的交流方式。

践行方法：不要点赞

与流行的说法相反，点赞按钮其实并不是由脸书公司首创的。[31] 这一发明应当归功于如今几乎被遗忘的"友源"（FriendFeed）公司，它在 2007 年 10 月推出了点赞功能。但 16 个月后，用户更多的脸书公司就采用了那个标志性的竖着大拇指的图标，此后社交媒体的发展轨迹就被彻底改变了。

2009 年冬季，脸书公司的市场推广专员陈凯英（Kathy Chan）最先宣布了这一功能。她发布帖子说明了这项创新的动机。陈凯英解释，脸书上很多帖子都吸引了大量的评论，可这些评论说的几乎是同一回事，比如"太好了！""我喜欢！"点赞按钮就是用一种更加简单的方式表达对一篇帖子的认可。这样做既能节省用户的时间，又可以将相似评论占用的空间留出来，供人们发表一些更有意思的评论。[32]

正如我在本书第一部分中探讨的，点赞从一个不起眼的功能逐渐演变成了脸书重建和发展的基础——从人们只会偶尔查看的一种娱乐工具，发展成了一台开始支配用户时间和注意力的数字"老虎机"。这个按钮出人意料地引入了一系列新的社会认可指标，产生了超乎想象的诱惑力，让你情不自禁地不断查看自己的账号。它还为脸书提供了更详细的用户偏好信息，使得该公司的机器学习算法能够将人性分解成统计数据，这些数据再被发掘利用，向用户推送具有针对性的广告和更具黏性的内容。因此，几乎所有成功的大型社交媒体平台都很快开始效仿脸书,在各自的服务中增添了类似的单击赞同功能。

然而在本章中,我并不想把关注重点放在点赞按钮给社交媒体企业带来的巨大利益方面。相反,我希望把重点放在它给我们对"交谈"的需求所造成的危害上。从信息理论的精确定义来看,点赞按钮是"有效交流"中信息含量最少的一种,只向接收者(发布帖子的人)提供了发送者(点赞的人)最少的 1 比特信息。

在前文中,我引述过大量研究证明:人类的大脑经过进化,已经适应了处理面对面交流时所产生的大量信息。用 1 比特信息来取代这种丰富的信息流,简直就是对我们大脑社交处理机制的最大侮辱。把这比作在限速路上开一辆法拉利跑车都还不够,应当说这是用一头骡子拖着一辆法拉利跑车前进。

■ ■ ■

基于以上的观察,本条践行方法建议你改变对社交媒体的点赞功能的看法——不要把简单地点击看成是鼓励朋友的有趣方式,而应把它看成阻止你培养充实社交生活的障碍。简而言之,你应当停止使用它们。不要点赞,永远不要。与此同时,你也不要再在社交媒体帖子下留下评论。不要再说"太可爱了!""太酷了!"之类的话。你应当保持沉默。

我之所以建议你对这些看似无害的互动方式采取如此强硬的立场，是因为它们会让你以为，线上联系是取代"交谈"的一种合理方式。"以交谈为中心的交流"的前提是：一旦你接受了线上联系和"交谈"的对等关系，那么无论你的初衷多么好，那些低价值交流的影响都将不可避免地扩大，直到将真正重要的高价值社交活动挤出去。只有彻底消除这些不重要的交流方式，你才会给自己的大脑传递一个明确的信息："交谈"才是真正重要的事情，不要让手机或电脑屏幕上的内容分散你的注意力。正如我在前文中所言，你可能以为自己能够在这两种类型的交流之间保持平衡，可实际上，大多数人都做不到这一点。

有些人会担心这种突然彻底放弃社交媒体的做法会让他们社交圈子里的人生气。例如，当我向一个人提到这种策略时，她担忧要是不评论朋友新发布的婴儿照片，朋友就会认为她麻木无情。但若是这份友谊很重要，何不让这种担忧之情促使自己安排时间与朋友进行一次实实在在的交谈呢。事实上，相较于在一大堆敷衍的评论后加上一句简短的"哇！"，亲自去探望那位刚生过宝宝的妈妈，无疑会给彼此带来更多的意义。

假如你决心进行更多"交谈"，同时也提醒自己的朋友们，自己"这些天里不怎么使用社交媒体"，那么就能够避免引起大部分怨言。例如，上文中提到的女士最终给那位刚当上妈妈的朋友带去了一顿饭。这种做法非但巩固了她们二人之间的关系，而且带来的幸福感要远远多于100条社交媒体上的评论。

最后，我们还应当注意，不再使用社交媒体上的图标和评论来进行互动意味着有些人必将脱离你的社交圈子，尤其是那些你只在社交媒体上保持联系的人。对此，我可以给你坚定的保证：不用去管他们。这种认为维持数量庞大而松散的关系很重要的观点只是在过去10年间出现的——一些过度活跃的网络科学家的不恰当的观点。在历史上，人类始终保持着丰富多彩的社交生活，完全不需要向只有一面之缘的人每月发送寥寥几条信息。恢复到这样一种平稳状态之后，生活中的方方面面都不会出现什么明显损失。正如一位社交媒体的研究者向我解释的那样："我认为，我们根本不应当与那么多的人保持联系。"[33]

总而言之，你是否会以极简主义的方式继续使用社交媒体，以及在什么样的条件下去使用社交媒体，这些复杂的问题取决于许多不同的因素。但是，不管你最终做出怎样的决定，我还是强烈建议，为了社交生活的幸福起见，最好采纳一条基本准则：不再把社交媒体当成帮助你维持低质量人际关系的工具。简单地说，就是不要点赞，不要评论。这种基本的约束措施，将从根本上改善你的社交生活方式。

践行方法：整合短信

在你将自己的社交生活从线上联系恢复到"交谈"的过程中，有一个主要的障碍——文本交流（不管是通过短信、脸书信使还是其他即时通信软件进行交流）——如今已经全面地渗透到了友谊当中。从智能手机时代伊始就一直研究手机使用行为的雪莉·特克这样描述这一现象：

> 手机已经与友谊中一种紧张不安的义务感融为了一体。……做别人的朋友，就意味着你必须"待命"，手机不离身，随时留意。[34]

在上一个践行方法中我曾建议你停止通过在社交媒体上点赞和评论的方式来与朋友们进行互动。这样做可能会让一些人感到不高兴，但你只要充满歉意地耸耸肩，并用更具价值的"交谈"来取代无意义的点赞，他们最终都会接受这种改变。不过对于许多人而言，彻底不再使用短信的做法可能造成巨大损失。虽说维持友谊并不需要你去脸书上点赞，但如果还未达到一定的年龄就以停用短信的方式来逃避自己的"待命"义务，将是一种放弃友谊的严重举动。

这种情况会让人觉得左右为难。在前文中我曾指出，短信交流并不够丰富多彩，无法满足大脑对真实"交谈"的渴望。然而收发短信越频繁，你就越是会认为自己没有必要去进行真正的交谈。并且等到你真的进行面对面交流时，不停查看手机信息的强迫行为，还会减少你在真实交流中体验到的价值。如此一来，留给我们的就是这样的一种技术：你在社交生活中需要它，但同时，它又会减少你从社交生活中获得的益处。我深切地意识到了这些矛盾，所以希望提出一种折中方法，既能尊重你的"待命"义务，又能满足你对真实交谈的渴望。这个方法，就是整合短信。

■ ■ ■

这种方法建议你将手机默认设置为"免打扰"模式。无论是在苹果手机还是在安卓手机上，这种模式都会关闭收到短信时的通知。如果担心出现紧急情况，你也可以简单地调整设置，让某些联系人（如你的配偶、孩子的学校）打来的电话不会受到屏蔽。你还可以设定手机在固定的时间自动切换到这种模式。

使用免打扰模式时，短信就像是电子邮件——倘若想知道是否有人给你发送了信息，你就必须打开手机，进入应用程序。如此一来，就可以安排处理信息的特定时间，将信息会话整合起来：设定一个时间查看之前积压的短信，根据需要进行回复或简短的互动，然后道歉说自己必须走了，再将手机调回免打扰模式，继续做别的事。

这种方法有两个主要目的。其一，它能够让你在不使用短信的时间里变得更加专注。一旦不再把短信互动当成一种需要持续关注的交谈，将注意力集中于眼前的活动就会容易得多。如此一来，你从现实世界的交流中获取的益处就会增加。它还可以在一定程度上缓解你的焦虑，因为我们的大脑不适合应对碎片式交流（可参见前一章对于独处的讨论）。

其二，它能够提升你的人际关系。若是朋友和家人能够随时通过短信与你进行漫无边际的"伪交谈"，他们就会很容易满足于眼下与你的关系。这种互动，会给人以关系紧密的表象（实际上远远不够紧密），从而妨碍人们将更多时间投入到更有意义的互动中去。

此外，倘若你只是偶尔查看一下收到的信息，那么你和朋友、家人的关系就会发生变化。他们仍然可以发短信向你提问，并在合理的时间内得到回复，或者提醒你某件事并确信你能够看到短信。但是，这种较为不同步和有意安排的互动，不会再散发出那种真实交谈的魅力。结果是你们双方都会更加积极地以更好的交流方式来填补这种空白，因为没有不停往返的短信让你们之间的关系变得紧张不安。

换言之，不那么容易通过短信联系你的状态，虽然让你在意的人与你的交流（稍微）麻烦一些，但反而会巩固你们的关系。这一点至关重要，因为很多人都担心，若是减少短信联系，他们的人际关系就会受到影响。我想让你放心，这样做反而会巩固那些你最为在意的人际关系。因为你可以成为对方生活中唯一一个定期与他们进行真实交谈的人，并且与之形成一种更深刻和更微妙的关系，而不管在社交媒体上用多少感叹号和表情符号，你都做不到这一点。

尽管如此，整合短信的做法仍然有可能会带来一些问题。例如，如果人们习惯于随时引起你的注意，那么你的新习惯就会偶尔让他们担心。不过，这些问题都很容易解决，你只需要告诉关系亲密的人，自己每天都会查看短信数次，因此在他们发送短信之后，你不久就会看到；若是有紧要之事找你，他们可以随时打电话（你可以设置手机免打扰模式的白名单，让特定的人能够打进电话）。这样会平息他们在找不到你时的担忧，同时还能让你摆脱无休无止回复短信的义务。

总而言之，我们不妨赞同，短信是一种奇妙的创新，让生活中诸多方面都变得更加便捷了。这种技术，只有在你认为它能够替代真实交谈时才会产生问题。但其实只要简单地将手机设置成免打扰模式，并定期查看短信，而不是持续不断地聊天，你就可以规避这种技术带来的危害，同时享用它的好处。

践行方法：定时交谈

一个多世纪以来，电话为人们提供着一种高质量的远距离交谈方式。在如今这个时代，我们不再一辈子生活在关系紧密的部落里，而电话这项非凡的发明，则满足了人们的社交需求。电话的问题也显而易见，打电话很不方便。由于看不到你想要打断、与之通话的那个人在做什么，所以你根本无从知道对方是否会乐于跟你进行交流。如今我仍然清楚地记得，小时候给朋友打电话时的紧张不安。因为我既不知道会是朋友的哪位家人接电话，也不知道他们会怎么看待我的这种打扰。考虑到这种缺点，所以当出现了更加轻松便捷的通信技术（比如短信、电子邮件）之后，人们急不可耐地抛弃了电话这种经过时间考验的交谈方式，转而寻求质量较为低下的联络方式（雪莉·特克称这种效应为"电话恐惧症"）。[35]

幸好有一种简单的做法，既可以帮你避开电话的不便，又能让你更加轻松地定期享受丰富多彩的电话交谈。这种方法是我从硅谷一位技术主管那里学来的。他提出了一种新颖的策略，帮助自己与朋友、家人之间进行高质量的交流。他告诉朋友和家人，周一至周五每天下午的 5 点 30 分，自己都可以接电话。无须事先安排，也无须告诉他，直接打给他就好了。而实际上，工作日下午 5 点 30 分时他往往正在拥堵的车流中返回位于"湾区"的家。突然有一天，他决定把困在汽车里的这段时间好好利用起来，便制定了这条 5 点 30 分打电话的规则。

这条规则看似简单，但却可以让他轻而易举地将耗时且低质量的在线联系变成高质量的交谈。如果你通过短信向他提出一个有点复杂的问题，他就会回复："我很乐意深入探讨这个问题。如果你方便的话，随便哪天下午 5 点 30 分给我打电话吧。"同样，几年前我去旧金山时想约他见面，他告诉我可以在任何一天下午 5 点 30 分打电话给他，这样我们就可以一起敲定一个聚会计划。如果想要联系一个久未联系的人，他就会给对方发条短信，说："我想知道你的近况，有时间的话，请在下午 5 点 30 分打电话给我。"我猜，他的密友和家人早就习惯了这条规则，而在某天心血来潮想打电话时，他们也会觉得打给他比打给其他朋友更自在。因为他们都知道，他在那个时候有空，并且乐意接听电话。

与我认识的大多数人相比，这位主管的社交生活都更幸福，即便他就职于一家技术型初创企业，工作繁重、费时。他巧妙地安排了自己的日程，大大减少了日常花在聊天上的时间和精力，从而能够更轻易地满足自己对丰富的人际交流的需求。在此我建议你效仿他的做法。

■ ■ ■

不过，我建议你根据自己的情况，对他"定时交谈"的策略稍作调整。你可以在特定的日子里留出固定的时间和别人进行交谈。这种交谈既可以通过电话，也可以见面，取决于你所在何处。一旦这个交谈的时间固定下来，就可以告诉自己在意的人。假如有人想要进行低质量的在线联系（比如发信息聊天或在社交媒体互动），你就可以提出建议，希望他们在方便的情况下，在固定时间给你打电话或碰面。同样，到了这个固定时间，你也可以主动联系自己在意的人，邀请他们下次在这个时间里找你谈话。

我曾经见识过这一践行方法的数种变化形式，都产生了良好效果。如果你上下班的时间很有规律，那么就可以像前文中的主管一样，利用通勤途中的时间来打电话。这样还会将你原本可能白白浪费掉的时间，用来去做有意义的事情。喝咖啡时打电话交谈，也是一种普遍的做法。例如，你可以选定每周一个固定的时间段，到自己最喜欢的咖啡馆，坐下边喝咖啡边看报纸或书。然而，书或报纸只是一个备选。你可以告诉朋友你总是在某个固定的时间待在这间咖啡馆里，并希望他们会轮流加入自己。在我长大的那座小镇上的一家咖啡馆里，我最早见到别人使用这种策略。有一群中年人会在每周六的上午去咖啡馆，接着在一天中邀请遇到的朋友加入交谈之中。或者你也可以效仿英国人，每周在自己喜欢的酒吧的打折时段进行这种定时交谈。

我还见过有人会利用每天的散步时间交谈。史蒂夫·乔布斯曾常常在硅谷绿树成荫的社区里长时间散步。假如你是他的朋友，可能也会受邀在一起散步时进行一场深入的交谈。颇具讽刺意味的是，虽然乔布斯开发了智能手机，可他并不热衷于通过持续不断的数字信息来维持重要的人际关系。

在我担任教授的生涯里，我把办公时间的意义拓宽了。在教学时，我每周要留出固定的时间，让班上的学生向我提问。而在乔治城大学开始工作时我认识到，这个环节所具有的价值并不限于和班上的学生进行讨论。如今我会尽量延长办公时间，并将这种交流时间向乔治城大学的所有学生开放。只要有学生给我发信息或邮件来提问、寻求建议、分享他们对我作品的体会时，我都可以告知他们办公时间并说："有空就来办公室或者给我打电话。"他们照做了。其结果是，如今我跟这所大学学生之间的关系，比起尽力为每个提出请求的学生专门安排一次交流，要更加紧密。

定时交谈策略之所以能够有效改善你的社交生活，是因为它可以克服追求充实社交生活的过程中遇到的主要障碍：担心主动给别人打电话可能会惹人讨厌。虽然我们渴望进行真正的交谈，但这道障碍常常让人望而却步。如果用定时交谈来消除这道障碍，你就会惊讶地发现，自己可以将如此多有益的交流融入一周的日常生活中。

第六章

重拾闲暇时光

闲暇与美好生活

公元前 4 世纪,在《尼各马可伦理学》(*Nicomachean Ethics*)中,亚里士多德探讨了一个在当时和现今都同样迫切的问题:一个人如何才能过上美好的生活呢?《尼各马可伦理学》用了 10 卷来回答这个问题,前 9 卷主要讨论了"实践德性",例如履行自己的职责、面对不公时保持公正以及在面对危险时勇敢行事。然而在最后的第 10 卷中,亚里士多德不再坚持这种英勇美德,而是彻底转变了论点:"最美好和最愉悦的生活,实乃理智的生活。"[1] 他得出结论:"这也是最幸福的生活。"[2]

诚如亚里士多德所述,有着深邃思考的生活是幸福的,因为沉思"本身就值得欣赏……除了沉思的行为,我们从中并无其他收获"。在这种看似漫不经心的说法中,亚里士多德在哲学史上首次提出了一个观点。这个观点流传了数千年,且至今仍然影响着人们对人性的理解:美好生活所需要的行动,应当只是为了得到行动本身带来的满足感,而不带有其他任何目的。

正如麻省理工学院的哲学家基兰·塞蒂亚(Kieran Setiya)在他对《尼各马可伦理学》进行现代阐释时说的,如果你生活中的行动"其价值只在于解决问题、困难和需求"[3],那么在面对"这就是生活的全部吗?"这个无法回避的问题时,难免会产生一种对存在意义的绝望。他同时指出,克服这种绝望感的一种办法就是效法亚里士多德,接受那些带给你"内在快乐"的追求。[4]

在本章中,我将带来内在快乐的休闲活动统称为高质量的闲暇。而之所以想要提醒你这些活动对美好生活的重要意义(这个观念可以追溯到两千多年前),是因为我深信,要想成功地解决现代数字世界给我们带来的问题,就必须理解这种古老智慧的核心观点并付诸实践。

■　■　■

为了说明高质量闲暇与数字极简主义之间的联系,有必要先来看看一些现象。研究技术与文化交叉领域的人或许都读过一类小众却很受欢迎的新闻。在这类新闻中,作者会描述自己短暂脱离现代科技之后的体会。这些无畏的人几乎总是在说断绝联系会让人产生痛苦情绪。例如,社会批评家迈克尔·哈里斯(Michael Harris)在一座既无网络又无手机的乡间小屋里过了一周之后,这样描述自己的体会:

> 到了第二天晚上……我怀念起每一个人来。我怀念自己的床、电视,怀念肯尼和亲爱的老朋友"谷歌"。我绝望地凝视了大海1个小时,海面上金光闪闪。我感受到每隔10分钟就想"换频道"的冲动。可同一片海水不停地起伏,犹如一道命令。这简直就是一种酷刑。[5]

这种痛苦经常被人们用与成瘾相关的术语来解释,被说成是瘾君子经历的戒断症状。(哈里斯描述他在那座小屋里的经历时写道:"我知道这并不是一件容易的事情,也丝毫不怀疑自己会出现戒断症状。"[6])不过这种解释是很有问题的。正如本书第一部分中谈到的,最好把导致我们强迫使用技术的心理力量理解为中度的行为成瘾。虽然行为成瘾会让我们身边的技术显得极具诱惑力,但远不如化学依赖性那样严重。这一点解释了与药物成瘾者在典型的戒断过程中表现的强烈而具体的渴望相比,人们会感觉这种痛苦更加分散和抽象。

哈里斯并不是怀念某种特定的线上活动(就像一个吸烟者想要香烟),而是对自己无法上网的整体状况感到不适。这二者的差异虽然不明显,但对于理解亚里士多德与数字极简主义之间的积极关系,具有至关重要的作用。对这一课题的研究越深入,我越是清楚地认识到,低质量的数字干扰给生活带来的影响,要比人们预想的更为严重。近年来,随着工作压力越来越大,工作与生活之间的界限日益模糊,以及各种社会传统的逐渐没落,越来越多的人无法培养出亚里士多德认为对幸福至关重要的高质量休闲活动。这给人们带来了一种几乎无法承受的空虚感。但是，在数字干扰中，人们却可以忘掉这种空虚感。我们可以拿出智能手机或平板电脑，轻而易举地填补工作、家庭和睡觉之间的空隙，用机械的刷屏和点击来麻痹自己。这些对抗空虚的做法并不算新鲜，因为早在油管问世之前，我们就靠（如今依然有）无须动脑的看电视和酗酒来让自己逃避深层的问题。只不过到了 21 世纪，注意力经济的先进技术在这个方面尤其有效罢了。

换言之，哈里斯之所以感到不适，并不是因为他渴望维持某种数字生活习惯，而是因为一旦切断他与电子屏幕背后的网络世界的联系，他就不知道该拿自己怎么办了。

要想成功实践数字极简主义，你就不能无视这一现实。如果你将低价值数字干扰从生活中清理出去，但尚没有用来替代它们填补空虚的办法，那么这种清理会带来没有必要的不愉快，甚至遭遇彻底失败。因此，成功的数字极简主义者在开始转变之前，往往会重新安排自己的空闲时间，培养出高质量的休闲活动，然后再去清理那些糟糕的数字生活习惯。事实上，许多数字极简主义者都会遇上这样一种现象：一旦更有目的性地支配自己的时间，那么以前觉得必不可少的数字习惯，突然之间就变得可有可无了。有效填补空虚之后，你就不再需要那些数字干扰来帮助自己逃避了。

受到这些观察的启发，本章的目标就是帮助你培养出高质量的休闲习惯。在接下来的 3 小节中我们将分别探讨 3 种不同的经验，阐明最有价值的休闲方式都具有哪些特征。之后我们还将探讨新技术在这些休闲活动中扮演的看似矛盾的角色，以及一系列有助于培养这类高品质休闲方式的具体实践方法。

本涅特原理（the Bennett Principle）

探索高质量休闲方式的一个好去处就是 FI 社群。或许你还不熟悉这种潮流，"FI"是"财务自由"（financial independence）的缩写，指资产所带来的收入足以承担生活开销的经济状况。许多人都认为，财务自由应当是差不多到了退休的年纪，或者是获得了一大笔遗产之后才能实现的目标。可近些年里，互联网上却兴起了一些社群，主要由年轻人组成，他们通过极端的节俭，找到了通往财务自由的捷径。

人们对"FI 2.0"运动的关注，主要集中于其背后的财务观念上，但这些与我们的论述无关。[①] 重要的是，这些崇尚财务自由

[①] "FI 2.0"运动的核心理念是：如果能够大幅削减生活开支，你会获得两大优势——其一，存钱的速度可以更快（储蓄率往往高达 50% 至 70%）；其二，不一定非得为了财务独立而去存钱，因为满足需要的开销较低。比方说，如果你只需要 3 万美元的税后收入就能过上舒适的生活，那么若是把 75 万美元存入一个低成本指数基金里，那么所得收益就有可能在未来的几十年中满足你的开销（计入通货膨胀的损失）。那么假设你们是一对年轻夫妇，两个人都薪水优厚，每年的税后收入是 10 万美元。由于你们只需 3 万美元就能生活下去，所以每年可以存下 7 万美元。假定工资的年增长率为 5% 至 6%，那么只需要 8 年至 9 年的时间就能达到上述目标。若是从 20 多岁起就开始这样做，那么到将近 40 岁的时候，你就会实现财务自由。当然，很多关于"FI 2.0"运动的研究文献都关注这样一个论点：实现这些所需要的节俭程度可能并没有你想象的那样极端。

的年轻人，实际上为高质量闲暇提供了一些特别恰当的例子。这样说有两个理由：第一（可能也是最显而易见的），一旦实现了财务自由，你就会瞬间拥有比普通人更多的闲暇时间；第二，年轻时就做出追求财务自由这种具有颠覆性的决定，常常会让你在选择生活方式时更为激进，而这种决定往往来自那些会主动选择生活方式的人。既有充裕的空闲时间，又一心要过自己想要的生活，这个群体成了我们深入探究高质量闲暇的理想对象。

不妨先来看看"FI 2.0"运动一位非正式领导者的习惯是否能给我们一些借鉴。他曾经是一名工程师，名叫皮特·阿德尼（Pete Adeney）。刚过 30 岁，他就实现了财务自由，如今则在博客上用"钱胡子先生"这个略带自嘲的绰号记录自己的生活。实现财务自由之后，皮特并没有用年轻人常见的消极休闲活动来填充自己的生活（例如打电子游戏、看体育比赛、上网冲浪、整夜泡在酒吧），而是利用这种自由让自己变得更加积极了。

皮特既没有买电视机，也没有订阅网飞或 Hulu 的节目。虽说他偶尔也会在谷歌 Play 商店上租电影看，但在大多数情况下，家中都不会通过屏幕来进行娱乐活动。在大部分时间里，他都更喜欢户外项目。下面是皮特在博客上解释的自己对于休闲活动的理念：

> 我从来都不理解观看他人进行体育比赛时的快乐，也无法忍受旅游景点；除非要在沙滩上建造一座真正巨大的沙

堡，否则我也不会坐在那儿；（我）并不关心名人政客们都在做些什么……相反，我好像只会从创造中获得满足感。也许更合适的说法是解决问题和做出改进。[7]

这几年，皮特翻修了自家的房屋，在院子里建造了一间独立的房子用作自己的办公室和音乐工作室。在这些项目完工之后，他渴望有更多的洞可挖、有更多的石膏板可以亲手挂，便有点儿冲动地在他的家乡，科罗拉多州朗蒙特的主街上买下了一栋破旧的大楼。目前，他正在把那栋建筑改造成"钱胡子先生世界总部"。[8] 他还不清楚完工之后打算用这个地方来做点什么，但用途并不是真正的重点——他仿佛是为了做点项目才投资这栋大楼的。正如皮特在总结自己的理念时所说："如果你让我独处一天……我将度过一段愉快的时光，做做木工，练练举重，写写东西，在音乐工作室里摆弄摆弄乐器，列一个清单，执行清单上的任务，一项一项轮着来。"[9]

我们同样可以在丽兹·泰晤士（Liz Thames）的生活方式中看到类似的对行动的重视。她刚过 30 岁不久就实现了财务自由，还在著名的节俭森林（Frugalwoods）网站上发表记录生活的博文。丽兹和她的丈夫内特在实现财务自由之后，就把他们对行动的享受推向了一个新的极端：他们离开了位于马萨诸塞州剑桥的那个家，从熙熙攘攘的都市搬到了佛蒙特州乡间，住进了一座位于小山边、占地 66 英亩的农庄。

当我询问他们为何做出这种决定时，丽兹向我解释，他们搬到这么大一座农庄里，并不是轻率之举。农庄里有长长的砾石车道经常需要养护，若是倒了一棵树——"即便此时室外的温度是零下 10 摄氏度"——也得把树锯掉并且挪走。[10] 要是下雪的话，他们还得经常扫雪，否则若是积雪太深，拖拉机无法推动时，他们就会被困在农庄里。碰到了这种情况可不大妙，因为即使是走到距离最近的邻居家都要好一会儿，他们还没有手机，没法让邻居得知他们需要救援。

丽兹和内特用自家林子里的木材来取暖，这也需要付出很大的努力。"我们整个夏天都在伐木，"丽兹告诉我，"你必须走进树林，找出要砍倒的树木，接着又得把木头截断，搬到家里，劈开，垛起来。在取暖的时候还得留意炉子。"若是想欣赏房屋四周整洁的景观，"你必须割草……割很多的草。"

■　■　■

皮特与丽兹的例子呈现了一个可能令人意外的现象：在 FI 社群中，当一个人获得大量的闲暇时间后，往往会主动用繁重的体力劳动来充实自己的闲暇时光。这种对"行动"式而非传统"放松"式休闲活动的偏爱，在一些人看来可能是不必要的精力消耗，但在皮特和丽兹看来却是顺理成章之事。

皮特为自己辛劳的生活提出了三个理由：一是这种生活不用

花很多的钱,二是让他的身体得到了锻炼,三是有益于他的心理健康(他解释:"对我而言,不活动会让我产生一种非常压抑的无聊感。"[11])。丽兹也为她搬到乡下的决定给出了类似的理由。她给这些活动起了个不一样的名称——"高尚的爱好",并称这些看似劳作的活动实际上给她带来了诸多益处。

我们不妨想象一下他们在树林中开辟小径时需要付出的努力。丽兹告诉我:"买下这块土地之后,我们希望在其中徒步,但只有开辟了小径才能实现,因此我们必须带着锯子出去,砍倒树木,清理灌丛。"虽然听上去像是劳作,但这些活动带来了诸多不同的价值。丽兹解释:"这是一种精神上的解放,与在电脑上工作截然不同……虽然我也需要解决问题,但用的却是另一种不同的方式。"此外,这些活动还会让人获得充足的锻炼,让你学会新的技能。"学会使用链锯,还真不容易呢。"丽兹说。一旦开辟出来,就可以充分利用小径,这一点也会给人带来满足感。丽兹认为,开辟小径这种看似乏味的任务,会突然间让人感到比漫无目地浏览推特有意义得多。

自然,FI 社群并非第一个发现积极休闲的内在价值的群体。1899 年春,西奥多·罗斯福(Theodore Roosevelt)在芝加哥的汉密尔顿俱乐部发表了一场著名的演讲,他说:"我愿宣扬的信条,不是卑微的安逸,而是辛勤的人生。"[12] 罗斯福也践行了自己的信条。身为总统,他还经常练习拳击(直到一记重拳让他的左眼视网膜脱落才作罢)、修习柔术、在波托马克河里裸泳、每天阅读一本书。他并不是那种喜欢坐下来休息的人。

10年之后，阿诺德·本涅特（Arnold Bennett）在他那部简明却颇具影响力的自助指南《如何度过每天的24小时》（*How to Live on 24 Hours a Day*）中倡导积极休闲的理念。在这本书中，本涅特指出，伦敦普通的中产阶级白领平均每天工作8个小时，那么剩下的16个小时，他们应当像一位绅士一样，从事高尚的活动。本涅特认为，在工作外的16个小时里，一半的清醒时间原本都可以用来进行一些充实又有一定要求的休闲活动，可恰恰相反，他们常常把这段时间浪费在一些无聊的消遣上，比如吸烟、闲逛、抚弄钢琴（并非真正地弹奏钢琴），或许还去"喝上一杯地道的威士忌"。[13]他指出，度过了一个如此无聊而乏味的晚上（这些维多利亚时代的消遣，相当于如今你无所事事地玩了一个晚上平板电脑）后，疲惫不堪地躺到床上，你会发现时间"有如魔法一般，莫名其妙地不见了"。[14]

20世纪早期，生活于英国的本涅特相当挑剔，他建议休闲时主要阅读艰涩难懂的文学作品和进行严厉的自我反思。在一篇代表作中，本涅特对流行小说不屑一顾，因为读这些书"从不需要任何有价值的脑力活动"。[15]在本涅特看来，优秀的休闲活动应当需要人们付出更多的"精神努力"（他推荐的活动是读艰深的诗歌）。[16]此外，他还忽视了休闲的时间可能会因为照看孩子或做家务而减少，因为他的作品只面向男性，而在本涅特生活的时代，英国的中产阶级男性自然是不需要为这些事情操心的。

谈到这些是为了说明，21世纪的我们可以无视本涅特具体建议的那些活动，然而他的论述中有些部分依然成立，例如，他驳斥了一种观点——用"付出努力"来要求休闲活动过于苛刻。

> 什么？你说如果把精力投入在工作外的那16个小时，会减少8个小时工作所产出的价值？不是这样的。这样做反而会增加那8个小时里产出的价值。我们普通人必须了解，我们的脑力可以持续进行困难的活动，它们不会像胳膊或腿一样感到劳累。大脑需要的是改变，而不是休息；当然，睡觉的时候除外。[17]

这种观点，颠覆了我们的直觉。本涅特告诉我们，付出更多精力用于休闲，最终有可能让你变得更具活力。他把"会花钱才会赚钱"这条古老的商业格言进行了修改，用在了个人的活力方面。

由于找不到更加合适的说法，我们不妨把这种观点称为"本涅特原理"，它为我们在前文中提到的积极休闲提供了合理性。皮特·阿德尼、丽兹·泰晤士和西奥多·罗斯福等人也为他们可以欣然接受辛劳的休闲生活提供了具体的理由，但这些理由都基于同一准则：你从一种追求中获得的价值，往往与你投入其中的精力成正比。我们可能会想，辛辛苦苦地上了一天班之后，没有什么是比度过一个完全没有计划和任务的晚上更大的犒赏。可随后我们就会发现，百无聊赖地盯着屏幕、连续点击数个小时之后，我们却感到更加疲惫。本涅特会告诉你（皮特、丽兹和西奥多也会赞同）：如果你发挥积极性，用那段时间去做实在的事情，哪怕有些辛苦，这个晚上都会让你感觉更好。

结合以上方面，我们就可以得出培养高质量休闲活动的第 1 条经验了：

> **关于休闲活动的经验 1**
> 优先考虑有一定要求的活动，而非被动接受式活动。

手艺与满足感

讨论高质量休闲活动最终必然会触及手艺这个主题。在这里，手艺指的是运用技能来创造某种有价值事物的活动。用一堆木板造出一张精巧的桌子，是一种手艺；而用一束纱线织出一件针织衫，或者在没有装修工人协助的情况下翻新浴室也是手艺。手艺并不一定要求你创造出全新的事物，也指有很高价值的行为。例如用吉他弹奏一首悦耳动听的乐曲，或者在一场临时组织的篮球比赛中获胜，也可以称为手艺。手艺的这个定义也适用于数字世界，例如用计算机编程或玩电子游戏同样需要技能，不过我们可以暂时将这一类活动放在一边，稍后将探讨其复杂之处。

我的核心论点是，手艺活动是一类高质量的休闲活动。幸运的是，支持这一论点的著述可谓不胜枚举：从约翰·拉斯金（John Ruskin）和"工艺美术运动"，到现代的创客群体都有数不清的书籍和文章讨论这一点。不过，我们不妨从加里·罗戈夫斯基（Gary Rogowski）开始，他是美国俄勒冈州波特兰市的一位家具制造商。2017 年，罗戈夫斯基出版了作品《手工制作》（*Handmade*）。这本书既是一位工匠的回忆录，也是对手艺本身的哲学探究。《手工制作》和我们讨论的话题特别契合，罗戈夫斯基研究了与占用人们大量时间的低技能数字行为相比，手艺所具有的价值。这一主旨从书的副标题就看得出来："分心时代，专心创意。"

罗戈夫斯基从多方面论证了在这个逐渐以屏幕为媒介的世界里手艺的价值。其中我特别想强调一个观点："人们必须手持工具去制造物品。我们需要这样做，才会觉得完满。"[18] 罗戈夫斯基解释："很久以前，我们就习得了通过动手来进行思考的本领，而不是相反。"[19] 换言之，人类不断进化，是通过动手来体验和支配周围世界的。与其他任何一种动物相比，我们都更加擅长于此，这是因为我们的大脑进化出了复杂的结构来支持这个能力。

然而，如今我们却比以往任何时候都倾向于弃用这个能力。"当今，许多人都主要通过屏幕来体验世界，"罗戈夫斯基写道，"我们生活的这个世界正在努力消除触觉，让我们不用双手就能做任何事情，除了在屏幕上点点戳戳。"[20] 其结果是，我们使用的设备与自身体验之间出现了不匹配。如果通过手艺远离屏幕上的虚拟世界,转而用比较复杂的方式与周围的现实世界打交道,你就会活得更加真实,更充分地发挥出自己的潜能。是手艺塑造了人类,它还给我们带来了种种深层的满足感,这一点远胜其他不太需要动手参与的活动。

在这一点上,哲学家兼机械师马修·克劳福德(Matthew Crawford)提供了另一种有益的智慧。在芝加哥大学获得了政治哲学博士学位之后,克劳福德做了典型的知识型工作,运营华盛顿特区的一家智库。很快,他开始对这项工作异常空洞和模糊的特性大失所望,于是他做了一件极端的事情——辞职,接着开了一家摩托修理店。如今,他一边在弗吉尼亚州里士满的修理厂里生产定制的摩托车,一边撰写哲学文章论述现代世界中的意义和价值。

作为一个在虚拟和现实世界里都工作过的人,克劳福德利用这种优势,相当有说服力地描述了在现实世界里工作可以给我们带来的独特满足感:

> 这似乎可以让他摆脱一种感受:必须喋喋不休地解释自己以证明自己的价值。他可以简单地说:大楼矗立着,汽车在行驶中,灯也亮着。吹嘘是年轻男孩才做的事情,他们对世界还没有产生真正的影响。但是,手艺的成果却必须接受现实不容置疑的裁决,一个人的失败或缺点也不可能经由解释而消失。[21]

克劳福德认为，在手艺被电子屏幕取代的文化中，人们会失去以清楚地展示技能来证明自我价值的途径。这也是理解近年来社交媒体平台大流行现象的一个角度——它们提供了一种自我膨胀的办法。没法精心打造一张木头长椅，或者去音乐会现场鼓掌喝彩，你却可以发布刚去过的一家时髦餐厅的照片来求得别人点赞，或者不断查看别人是否转发了你发布的一条机灵妙语。不过，正如克劳福德所暗示的，用数字工具获得的关注往往无法提供手艺能够带给人的认可，因为其背后并没有辛苦掌握的技能作为支撑，这种技能是征服"现实不容置疑的裁决"所必需的，因而让人感觉是"年轻男孩的吹嘘"。手艺可以让我们摆脱这种肤浅，转而提供一种更深层的自豪。

带着手艺已得到证明的优点，我们再回头看看上文暂时放在一边的纯数字活动。当然，需要技能的数字活动也能带来满足感。我在《深度工作》中就曾指出，编写计算机代码来解决问题（一项高技能工作）这样的深度活动，会比回复一封电子邮件（一种低技能工作）这类浅层活动更有意义。

然而，手艺活动的诸多优点显然建立在它们与现实世界之间的联系上。尽管数字创造物也能够带来成就感，但罗戈夫斯基和克劳福德二人都认为，通过手机或电脑屏幕进行的活动与现实世界的活动具有本质上的不同。计算机界面，包括在屏幕后运行的、日益智能化的各种软件，其目的都在于消除物理环境的种种不完善之处乃至蕴藏其中的可能性。通过键盘将计算机代码输入一种先进的集成开发环境，与手持刨子面对一块枫木板可是大不相同。前者既无后者的身体活动，也无后者中潜藏的无限可能。同样，用数字音序器作曲，会失去手指与琴弦的微妙碰撞带来的乐趣，这种碰撞决定了吉他弹奏技术的好坏；而在游戏《使命召唤》中通过迅速切换方向来获胜，也会丧失在一场腰旗橄榄球比赛里能得到的多方面体验，例如社交、空间感和运动感。

由于本章讨论的主题是休闲活动（在空闲时间里主动进行的活动），所以我建议我们应当采用前文论点中对于手艺的严格定义。换言之，若想在空闲时间里充分收获手艺带来的益处，你就应当在现实世界中探索，同时接受罗戈夫斯基最后提出的一条建议："用好作品证明自己。"[22] 这就是培养高质量休闲活动的第 2 条经验：

关于休闲活动的经验 2
运用技能，在现实世界中创造有价值的东西。

超负荷社交

高质量休闲还有一个共同的特征，就是它有助于丰富多彩的社交互动。来自多伦多的记者大卫·萨克斯（David Sax）自从在自己居住的街道上开了一家不同寻常的咖啡馆"蛇与拿铁"后，就亲身体验到了这个好处。他的咖啡馆里不提供酒，没有无线网络，食物并不特别，椅子坐上去也很不舒服，而且一进门就要收费 5 加元。然而，萨克斯在 2016 年出版的书《模拟的复仇》（*The Revenge of Analog*）中提到，一到周末，这家拥有 120 个座位的咖啡馆却常常座无虚席。等待的顾客队伍排到了人行道上，等位的时间甚至长达 3 个小时。

"蛇与拿铁"成功的秘诀在于它是一间桌面游戏咖啡馆。跟一群朋友进去之后，你们会被分到一张桌子上，接着可以从这家咖啡馆丰富的游戏库里选择任何想玩的游戏。如果你需要帮助，服务员也能提供建议。这间咖啡馆的成功实在有点儿令人费解，因为桌面游戏理应已经在数字世界里消失了才对。你可以在《魔兽世界》这样的线上游戏中跟形象逼真的食人魔进行格斗，为何还要在硬纸板上将那些塑料小玩意儿推来移去呢？可桌面游戏并没有消失。如今人们比以往更加渴望与邻居一起玩拼字游戏，与同事一边打牌一边闲聊，或者在多伦多的瑟瑟寒冬里排着队等待"蛇与拿铁"咖啡馆里的位置。在进入数字时代之前的 20 世纪 80 年代，《大富翁》（Monopoly）和拼字游戏就风靡一时，至今它们仍然热度不减，而互联网也为游戏设计的创新提供了助力（在众筹网站 Kickstarter 上，桌面游戏是最受投资者欢迎的一类项目），同时还带来了对智力要求更高的欧式策略游戏的复兴。这一风潮的最佳例证就是游戏《卡坦岛》（Settlers of Catan）的风靡，自从 20 世纪 90 年代中期在德国问世以来，已经在全球范围内售出了 2200 多万份。[23]

大卫·萨克斯认为，出现这种现象的主要原因在于玩桌面游戏让人们获得的社交体验。"桌面游戏创造了一个不同于数字世界的社交空间。"他写道，"这与社交网络上虚伪且泛滥的信息与营销手段营造的人际关系形成了鲜明的对比。"[24] 在桌边坐下来与人面对面一起玩游戏，你就是在进行博弈论专家斯科特·尼科尔森（Scott Nicholson）所谓的"一种丰富多彩的多媒体 3D 互动"。[25] 你会仔细观察对手的肢体语言，寻找显示对手策略的线索，努力抓住对手的想法以猜出他们之后可能会使出的招数，并且寻找萨克斯所谓"最复杂的情感发出的信号"。[26] 当你坐在微笑的获胜者对面收拾棋子的时候，失败带来的刺痛也会更加真实。不过，由于游戏必然有失败者，所以刺痛会慢慢消失，你也可以借此练习缓解紧张情绪所需要的复杂社交技巧。我们会对高水平的社交棋类游戏感到兴奋，是因为这类游戏会让我们将社交能力发挥到极致，获得激动人心的体验。

玩游戏还可以让我们进行超负荷社交——互动的强度要高于文明社会里常见的社交活动。萨克斯描绘了他在一个热闹的夜晚，看到"蛇与拿铁"咖啡馆里人们兴奋地闲聊和放声大笑的情景。我对这种情景很熟悉。每隔几个月，我认识的几位做了父亲的男士们便会聚在一起玩扑克牌，只是他们的技术实在是不敢恭维。这样的聚会给我们提供了 3 个小时开玩笑、聊天和发泄的机会。游戏时就算某位玩家早早输光了筹码，在游戏结束前他也不会离开。实际上，这与纸牌游戏本身无关，就像在"蛇与拿铁"

咖啡馆里玩《卡坦岛》也并不是真的为了修路一样。

这些老式的面对面游戏所带来的益处，解释了即使是设计精巧的电子游戏、酷炫的移动娱乐设备也没有摧毁桌面游戏产业的原因。萨克斯写道："从社交层面来看，相较于在一块平整纸板上跟另一个人玩游戏的体验，电子游戏显然是'低带宽'的。"[27]

当然，桌面游戏并非唯一一种能够带来强烈社交体验的休闲活动。在健康和体育锻炼领域里，正在兴起一种将休闲活动与社交结合的有趣潮流。其中，最显著的就是社交健身现象，正如一位体育行业分析师指出的，"健身已经从健身房里的一种私密活动，变成了在工作室或大街上进行的一种社交活动了。"[28]

如果你住在城市里，很可能见到过一群人聚集在公园里，在一位大声喊叫着的教练的带领下，做着高强度的自重训练。从前我就经常在家附近看到一群初为人母的女性聚集在全食超市旁边的一片草地上健身，她们推着的婴儿车围成一圈。我不知道她们的健身效果是否比几个街区外的星球健身房里的健身者更好，但她们由此获得的社交体验肯定会比后者丰富。在生活中面临着相同挑战的一群新手妈妈们彼此交流，相互支持。相比之下，戴着耳机大音量播放着音乐，走进一间灯光亮如白昼的健身房，你可能完全无法获得这种互动体验。

另一个广受欢迎的健身组织是F3，其名字的含义是"健身"（Fitness）、"友谊"（Fellowship）和"信仰"（Faith）。F3只对男性开放，完全由志愿者组织，不收取任何费用。这个组织旨在让你加入或创建一个本地的健身群,并且每周和成员们一起到户外去锻炼几次,风雨无阻。因为组织者角色会在成员之间轮换,因此人们并不是为了寻求专业的健身指导才加入 F3,而是奔着健身群能够提供的社交体验而来。这体现在了成员彼此之间的男性友谊上,见面时他们夸张地彼此拥抱(并会意地点点头)。正如 F3 网站上说明的:

> 对于 FNG(新成员)而言,F3 日常训练中出现的团队作战术语和行话可能会令人不解。比如说,什么是 FNG,为什么人们总是这样叫我呢?

接下来,这个网站还给出了一份 F3 术语的词汇表,包含 100 多个按字母顺序排列的词条。[29] 其中,很多词条还要参考其他词条,从而形成了一种复杂的递归困境。下面这个词条就是一个例子:

> BOBBY CREMINS(用在邀请人加入时):指一个人"发布"(Post)了一项"训练"(Workout),但在"开始演练"(Startex)之后离开,去了另一个 AO。此外,亦可指 M 或 CBD 发起的一种非"训练"的 LIFO。

对于我这样的 FNG,这种定义是毫无意义的。但这才是重点。等到真正理解 Bobby Cremins 是什么意思之后，你就会获得一种被群体接纳的满足感。这种感受的最佳例子或许就是每次锻炼结束时举行的"信任圈子"仪式。在这个仪式中，每个参与者都会说出自己的名字和他们在 F3 里的绰号，接着再提点建议或表示感激。假如你是这个群体中的新成员，那么你会当场获得一个绰号，表示你已经正式加入了他们。

在有些人看来，这些规矩和术语似乎有点儿过了头，但效果却是不容否认的。2011 年 1 月，F3 的第一次户外训练由戴维·雷丁（David Redding，绰号"Dredd"）和蒂姆·惠特迈尔（Tim Whitmire，绰号"OBT"）二人组织，在夏洛特地区一所中学的校园里举行。而 7 年过后，全美已有超过 1200 个活跃的 F3 群体了。[30]

然而，社交健身现象中最成功的案例非"综合健身"（CrossFit）莫属。第一家"综合健身"（行话叫作"盒子"）是 1996 年开业的。如今，全球已有 13000 多个"盒子"，遍及 120 多个国家。在美国，"综合健身"与星巴克咖啡馆的比例达到了 1∶2——对于一个健身房品牌来说，这种成就简直不可思议。[31]

自从第一间"综合健身"开业以来，其热门程度让数年来一直将经营焦点放在价格与服务方面的健身业人士感到困惑不已。一间典型的"综合健身"是一个不太干净、很空的仓房。健身器材被推到墙边（这点倒是与 21 世纪初的拳击馆非常像），其中有壶铃、药球、麻绳、木箱、单杠和金属深蹲架。你完全看不到跑步机、花哨的绳索滑轮多功能器械、漂亮的更衣室、明亮的灯光或电视。而且,这里的费用也真的很贵。我家附近的星球健身房,每月费用只需要10美元,里面还有免费的无线网络。可"综合健身"每月的费用却高达210美元,而且若是你询问是否有无线网络,他们还会用壶铃把你赶出门去!

"综合健身"成功的秘诀很可能在于他们与普通健身房之间最为显著的区别上:在"综合健身"里,没人戴着耳机。"综合健身"的训练模式是围绕着"每日训练"(WOD)建立起来的,通常由一组高强度的功能性训练组成,你需要尽快完成。下面就是我看到的一个 WOD 实例:

3 轮计时:

- 60 个深蹲
- 30 个悬垂举腿
- 30 个吊环俯卧撑[32]

然而你不能自行完成 WOD,而是需要在每天几个可预约时间段内前往"综合健身",与其他会员一起在一名教练的指导下完成训练。在这种锻炼方式中,社交具有至关重要的作用:你为同伴们加油打气,反过来他们也会为你加油打气。这样的支持有助于激励人们超越自身的生理极限,这一点非常重要,因为"综合健身"的核心理念之一就是:在短时间内进行高强度训练的效果，优于在长时间内累积的大量训练。WOD的社交特点也有助于营造强烈的团体感。一位曾经的私人教练在变身为"综合健身"爱好者之后，如此讲述自己的体会："每一次我在WOD中奋力争取多做几次的时候，其他成员都会给我加油，鼓励我坚持到底。这种友情让我觉得非常振奋，这是我从来没有在其他任何健身房里体会过的。"[33] 格雷格·格拉斯曼（Greg Glassman）是"综合健身"的创始人，众所周知，他的性格非常直率。他曾称"综合健身"是"一种由一帮摩托党经营的宗教"[34]，充分体现了这股由他推动的健身风潮本身所具有的那种粗犷却洋溢着兄弟情谊的气质。

■　■　■

新手妈妈健身团、F3和"综合健身"受欢迎的原因，与"蛇与拿铁"咖啡馆风靡一时的原因并无二致：在这些休闲活动中，人们可以进行复杂且活力十足的社交互动，这在寻常生活中原本是难得一见的。不过，并非只有桌面游戏与社交健身这两种休闲活动能带来这些益处，其他活动也可以。例如休闲体育运动联盟、志愿活动，或者参与一个团队协作的集体项目，比如修理一艘旧船或者建造一个社区溜冰场。

成功的社交休闲活动都有两个特点：首先，它们要求你付出时间，与他人面对面相处。相较于在现实世界中与人打交道，虚拟的联系缺乏感官和社交层面的丰富性。因此花时间在《魔兽世界》中陪同伴一起玩并不具备这个特点。其次，这些活动会为社交互动提供某种组织结构，包括必须遵守的规则、内部术语或仪式，通常还有一个共同的目标。如前所述，这些约束条件反而会鼓励成员间的畅所欲言。你的健身伙伴们会大喊大叫，重重地与你击掌相庆，在汗流浃背时也会快乐、热情地拥抱你，然而在其他大多数场合下，这些举动都会显得很不正常。

现在，我们就可以结束这段讨论，得出培养高质量休闲活动的第 3 条经验了：

关于休闲活动的经验 3

努力寻找这样的休闲活动：在现实世界里进行，需要有组织的社交互动。

休闲活动的复兴

老鼠读书俱乐部（The Mouse Book Club）是说明高质量休闲与数字技术之间复杂关系的一个很好的例子。[35] 加入这个俱乐部之后，每年 4 次，你会收到特定主题的一套书，其中有经典著作和短篇小说。例如，2017 年圣诞期间的书目主题是"礼物"，其中包括欧·亨利的《麦琪的礼物》、奥斯卡·王尔德的《快乐王子》，以及一本收入托尔斯泰、陀思妥耶夫斯基和契诃夫的 3

篇圣诞小说的合集。

这个俱乐部与其他类似机构的不同之处在于图书本身——老鼠读书俱乐部的图书都是定制的，印刷在大小与一部智能手机差不多的小册子上。这个尺寸是有意选择的，他们称之为"老鼠读本"（Mouse Book），其理念就是让书能够和手机一起放进口袋里。每当你忍不住想拿出手机来迅速分散一下注意力的时候，你就可以转而掏出老鼠读本，看上几页更有深度的文字。俱乐部声称他们的目标是"让文学变得移动便携"，而且认为这种特别的便携式设备"永远都不会耗尽电池，'屏幕'也永远不会破裂，还永远不会发出嗡嗡声或振动"。[36]

正如本章中提到的其他高质量休闲活动的例子一样，老鼠读本无疑也是传统的，它是一种有形之物，你需要付出（认知上的）努力，它才能回馈价值。可一旦开始回馈，其价值就会比数字干扰设备给你的转瞬即逝的愉悦更为可观和持久。这些例子看似将高质量休闲与新技术置于一种对立关系之中，但正如我在前文所述，实际情况要更加复杂。仔细了解老鼠读书俱乐部就能看出，它实际上使用了多种技术创新。

印刷书籍需要资金。这个项目的联合创始人戴维·德瓦内（David Dewane）和布莱恩·查普尔（Brian Chappell）曾在开拓者网站发起一场众筹，从1000多位支持者那里募集到5万多美元。支持者之所以能够了解到这场众筹，部分原因也来自像我这样的博主的推荐。老鼠读书俱乐部模式的另一个成功关键在于他们会帮助读者理解和讨论俱乐部寄给他们的书籍，从而提升读者能够从阅读体验中获得的价值。为此，他们开通了博客账号，让编辑在博客中讨论最新书目的主题，还创建了一个以访谈为主的播客来深入讨论一些精心挑选出的观点。[最新一集播客内容是芝加哥大学备受尊敬的文学教授菲利普·德桑（Philippe Desan）谈论蒙田。]就在我写本章内容的时候，该公司还在搭建一个在线系统，以帮助相距不远的订阅者找到彼此，组织读书俱乐部的线下聚会。

老鼠读书俱乐部提供了一种高质量的传统体验，但若没有过去 10 年间的众多技术创新，这个俱乐部就不可能存在。同时，这也反驳了一种观点——高质量休闲需要我们怀旧复古，回到互联网时代之前的年代。相反，互联网为普通人提供了比以前任何一个时代都要多的休闲活动选择，并正在为一场休闲活动的复兴推波助澜。互联网的作用主要有两个方面：一是帮助人们找到与他们兴趣相关的社群，二是为他们提供便捷的途径来获取鲜为人知却有助于追求高质量休闲活动的信息。假如你刚搬到一个陌生的城市，想要找到喜欢讨论文学的同道中人，那么老鼠读书俱乐部就能帮你联系到附近爱好读书的人士。如果受到节俭森林网站上博文的启发，你也想要自己收集柴火，那么油管上也有众多视频教你掌握收集柴火的基本方法。我想不出还有哪个时代，会比当下更容易让我们培养出一种高质量的休闲活动。

现在，我们陷入了一种循环。本章指出，要想避免被低价值数字生活习惯耗尽精力，最好找到一些高质量的休闲活动，让这些活动来填充电子设备曾帮你抵挡的空虚。然而，我同样认为你应当利用数字工具来帮助自己培养这种高质量的休闲生活。这似乎是在让你用新技术避开新技术。

幸好，这个循环是很容易打破的。我想要帮助你摆脱这样的状态：被动地与电子设备互动变成了生活中主要的休闲方式。我希望你能够以现实世界中更好的活动去充实自己的休闲时光。在这种新的状态下数字技术依然存在，只不过它们发挥的是一种辅助作用：帮助你找到或保持这类休闲活动，而不再是休闲活动本身。花 1 个小时浏览油管上的有趣短视频可能会耗尽你的精力，这是我的亲身经历，但跟着油管上的视频学习如何给浴室里的换气扇换一台电机，反而会带来一个修修补补、令人满足的下午。

数字极简主义的一个基本理念就是，如果谨慎而有目的地使用新技术，那么与信奉卢德主义或者盲目使用相比，新技术能为你创造出一种更加美好的生活。所以，这种观念一样适用于我们培养高质量休闲活动。

■ ■ ■

亚里士多德认为，高质量的休闲对幸福生活有着至关重要的作用。我在本章中也提供了 3 条经验，说明了如何培养高质量休闲活动。最后还想提醒大家，尽管这些活动本质上是传统的，但要想成功实践,却有赖于你对新技术的巧妙利用。

像本书第二部分中的其他章节一样,我将提供具体的践行方法,以此结束我们对休闲活动的探讨。这些方法不是逐步改善休闲方式的计划,而是以不同类型的例子作为参考,帮助你实现亚里士多德为幸福绘制的蓝图。

践行方法:每周修理或创造点什么

在前文中,我介绍过年纪轻轻就实现了财务自由的工程师皮特·阿德尼(绰号"钱胡子先生")。翻翻他以前的博客,可以看到他在 2012 年 4 月发表过一篇精彩的博文,描述了自己尝试金属焊接的经历。

皮特的焊接探索之旅始于 2005 年。当时,他正在完成一个定制住宅项目(钱胡子先生的忠实粉丝都知道,他辞去工程师的工作之后,经营过一家命运多舛的住宅建筑公司)。那是一栋现代风格的住宅,因此皮特在设计时采用了金属工艺,例如楼梯上设计了一排漂亮的定制铁栏杆。

设计看似很妙,可等他收到承包商的报价后却傻了眼:造价 15800 美元,而皮特的预算却只有区区 4000 美元。"天哪!……如果这些加工金属的人每小时要收费 75 美元,那我应该自己学会这门手艺。"皮特还记得自己当时的想法,"又能难到哪里去呢?"[37] 皮特通过双手得到了答案:并没有那么难。

正如皮特在博文中描述的，他买来了一台砂轮机、一台斜切锯切割机、一个面罩、防护手套，以及一台120伏药芯焊丝焊接机——迄今为止最容易上手的一种焊接设备。接着，他选了一些简单的任务，在油管上下载了一些视频，便开始了工作。不久之后，皮特就成了一名合格的焊工——虽然算不上能工巧匠，却也熟练得足以省下上万美元的工钱和零部件费用了。（皮特解释说，虽然不能造出一台"曲线优美的超级跑车"，但肯定能焊出一辆"漂亮的疯狂麦克斯式①沙地越野车"。）不仅完成了定制住宅项目中的那排铁栏杆（造价比承包商的报价低得多），皮特还为附近一座住宅的屋顶露台打造了类似的栏杆。接下来，他又开始焊制花园的铁门和造型独特的植物支架。他为自己的皮卡汽车做了一个木材架，还为社区里的一些老房子焊制了支撑地基和地面的结构部件。就在他写这篇文章的时候，家中车库门上的金属连接支架坏了，而他也轻而易举地修好了。

皮特是一个典型的手巧的人，在必要时他能够轻松自如地掌握一项新的技能。在美国，曾经有一个时期，大多数人都有一双巧手。例如，若是你住在农村地区，就必须能毫不费力地修理和建造东西，因为当时既没有亚马逊提供的换货服务，也没有商户点评网站认证的承包商会带着工具上门修理。马修·克劳福德指出，西尔斯（Sears）百货曾经的产品目录甚至含有其所有电器

---

① 《疯狂的麦克斯》（Mad Max）是澳大利亚系列动作冒险电影。——译者注

和机械产品的零部件放大图。他写道:"那时,人们理所当然地认为消费者都需要这些信息。"[38]

如今,这种"手巧"变得日益罕见了,原因很简单:对于大多数人而言,手工不再是让职业生涯和家庭生活平稳运行必不可少的条件。当然,不亲自动手最大的便利之处在于这样可以节省下大量的时间用来做更高效的事。虽说修好一件损坏的物品会令人感到兴奋,但如果你总是在修理东西,事情就会变得索然无味。经济学家认为,专业化会带来更高效率。假如你是一名律师,那么从经济学角度来看,努力成为一名更优秀的律师,然后在东西坏了的时候,用挣到的钱去请专业人员修理,这种做法更高效。

但是,发挥最大的个人效率和财务效率,并非人生唯一的目标。正如我在前文中所述,学会和使用一项新技能是高质量休闲活动的重要来源。只要能达到一定程度的手巧,你就能轻松发掘可以带来满足感的活动。这种践行方法并不要求你变成皮特·阿德尼那样的人(他似乎有无限的时间投入这些活动),而是促使自己把修理、学习和建造融入日常生活。

■ ■ ■

要想变得心灵手巧,最简单的办法就是学习一项新的技能,用它去修理、建造事物,然后不断重复。可以从简单易行的项目开始，直接按照说明逐步操作。如果感到得心应手，再朝着更加复杂的目标前进，需要自己填补空白或灵活变通。为了说得更具体一点，我在下方列出了一些简单的项目，适合想要学习的新手。每一项都是只需要一个周末就能学会的事情。

- 给汽车更换机油
- 在天花板上安装新灯具
- 用你会的一件乐器，初步掌握一个新的演奏技巧（例如弹奏吉他的人可以学习特拉维斯拨弦法）
- 学会校准唱机转台上的音臂
- 用优质木料制作一个床头板
- 在花园开辟一块园圃

请注意，这些项目中没有一项与数字技术有关。虽然学会操作一款电脑程序或数字工具也能获得一定的自豪感，但我们中的大多数人平日里花在电脑上用来移动那些符号的时间已经够多了。因此，此处列举的休闲活动旨在发掘我们操作实物的强大本能。

如果你想知道在哪里能学会列表中这类简单的技能，答案很简单。几乎每一个我采访过的手巧的人都会向我推荐同一个能够快速学习技能的地方：油管等视频网站。对于任何一个常规的动手项目，这些网站上都有大量的视频，可以指导你完成整个过程。有些视频的步骤会更加详细，但随着自信的增长，你会逐渐不需要精确的指导，只需要了解大致的正确方向就够了。

我的建议是你可以试着每周学会一项新的技能，持续 6 周。从简单易行的项目开始，一旦觉得操作的难度变低了，就应当提高技能与步骤的复杂程度。

在这段为期 6 周的尝试结束后，虽然你还不能组装一台汽车发动机，但你会达到入门级的水平。这也足以让你认识到自己拥有学习新事物的能力并能乐在其中。对于大多数人，这 6 周的速成训练还可能激发你对动手的持久爱好。

践行方法：为低质量休闲活动计划好时间

几年前，硅谷企业家和计算机科学家吉姆·克拉克（Jim Clark）在斯坦福大学举办的一场活动中接受记者的采访。采访中，当话题转到了社交媒体时，他的回答出乎意料："我一点儿都不喜欢社交网络。"[39] 接着他解释，他曾在一个专家小组里与一位社交媒体高管共事，而这次特殊经历充分凸显了他对社交媒体的厌恶：

> （那位高管当时）对一些人每天花 12 个小时使用脸书的做法赞不绝口……于是我向这个胡说八道的家伙提了一个问题："你觉得，一个每天花 12 个小时耗在脸书上的人，能够

获得你这样的成就吗？"[40]

在这个问题中，克拉克一针见血地指出了 Web 2.0 支持者们所鼓吹的乌托邦式愿景中的关键缺陷。脸书和推特这类社交媒体的营销主要集中在它们自身的积极影响，比如与他人保持联系以及发表言论。但克拉克在专家组的那位同事，暴露了大型注意力经济集团把这些积极影响当成爆米花盒子里的奖品，作用就是吸引你去点击应用程序。如此一来，它们就可以继续用它们的利润机器尽可能多地榨取你每一分钟的时间和注意力。（关于这些服务如何利用人的心理弱点来盈利的论述，请参阅第一部分的内容。）

克拉克确定无疑地指出，不论这些服务可以提供什么直接的好处，如果用户所做的只是投入注意力，那么这给工作效率和生活满意度带来的影响一定是非常消极的。换言之，如果你每天都把时间浪费在脸书之类的应用程序上，就不可能建立一个像脸书那样市值高达 10 亿美元的商业帝国。

事实证明，注意力经济带来的益处和抢夺用户时间的主要任务之间的矛盾，给培养高质量休闲带来了巨大障碍。我们很容易遇到这样的问题：本想在晚上进行某种高质量休闲活动，可盯着手机屏幕没完没了地点击和刷了数个小时视频节目之后，却意识到自己再一次浪费掉了这次机会。

直截了当地解决这个问题的办法，就是不再使用这些带来干扰的数字工具。随着你对本书倡导的极简主义理念的理解更加深入，你最终很可能会这样做。不过这种破釜沉舟之举，眼下还有点操之过急。本章的前提是首先培养一种高质量的休闲生活，这样日后当你想要最大程度地减少低质量的数字娱乐活动时，就会变得较为容易。考虑到这一点，我希望提供一种较为简单的解决办法，并不需要你立刻删除经常使用的服务与网站，而是让你能够更容易地抽出时间进行高质量休闲活动。这种方法还具有一种优势，它包含一种会让社交媒体公司感到害怕的理念。

■ ■ ■

我的建议是：提前安排好用于低质量休闲活动的时间。也就是说，你可以预先设定用来浏览网页、查看社交媒体以及欣赏流媒体娱乐节目的时间。在这段时间里，无论做什么都可以。你可以一边观看网飞节目，一边看推特上的直播，都没有关系。但在这个时间之外，你就不能再上网。

这种策略之所以效果不错，原因有二。首先，约束自己只能在固定的时间段内使用这些消耗注意力的服务，就可以将余下的休闲时间用于更有价值的活动。而由于无法使用数字设备，所以最佳选择就只剩下高质量休闲活动了。

其次，这种策略不会要求你彻底放弃低质量休闲活动。彻底戒除会激发一些微妙的心理活动。例如，你若是决心在闲暇时间里完全不上网,那么很可能会造成大量次要问题和例外情况。这时你头脑中对断网的新行动持怀疑态度的部分,就会利用这些负面情况来动摇你的决心。决心一旦动摇,断网的承诺就会土崩瓦解,你就会回到毫无节制、强迫性地使用数字工具的状态之中。

相反,如果你只是把低质量休闲活动集中在某个具体的时段内进行,那么内心怀疑的想法就很难找到有力的反对论据。你并未放弃任何东西,也没有丧失获取信息的渠道,只是在进行这部分休闲活动时更加谨慎罢了。因为很难反对这种合理的限制,所以这种做法反而更有可能坚持下去。

刚开始实践这种策略时,不必担心究竟应当留出多少时间来进行低质量休闲活动。就算一开始你将晚上和周末的大部分时间都用于这种活动也没关系。由于越来越多高质量休闲活动进入你的生活,这些约束措施的威力自然会随之增强。

这种做法让社交媒体公司感到害怕的是,你会从这些经历中认识到,就算大幅减少花费在这些服务上的时间,也不会觉得自己错失了多少好处。据我估计,绝大多数社交媒体用户每周只需使用20~40分钟,就能获得这些服务给生活带来的绝大部分益处。这就是为什么即使严格限制进行这类活动的时间,你也不会觉得自己错失了重要的事物。社交媒体公司会感到害怕,是因为他们的商业模式依赖于用户尽可能长时间地使用它们的产品。这也是为什么当他们推销自己的产品时,更愿意把重点集中在你为何应当使用,而不是你应当如何使用上。而一旦人们开始认真地思考后一个问题，往往就会认识到自己在网络上浪费了太多的时间（下一章我将更加深入地讨论这个问题）。

上述理由都有助于说明这种简单策略所具有的惊人效果。一旦开始限制低质量休闲活动（但并不觉得有什么损失），并且用高质量休闲活动（会带来明显更高的满足感）去填充新获得的自由时间，你很快就会疑惑从前的自己怎么能够浪费那么多时间痴迷地盯着闪烁的屏幕。

践行方法：加入某个团体

本杰明·富兰克林天生喜欢交际，靠直觉就能够理解有组织的社交活动的重要性。然而，为了发挥这种天性，富兰克林付出了艰巨的努力。1726年从伦敦返回费城之后，富兰克林面对的是一种枯燥乏味的社交生活。富兰克林在波士顿长大，在费城这个"第二故乡"举目无亲，并且由于对宗教教条持怀疑态度，他也无法通过教会融入某个群体。不过他毫不气馁，决定自己组建一个理想的社会组织。

1727年，富兰克林创立了一个叫作"共读社"的社交俱乐部，他在自传中这样描述这个俱乐部：

> 我将有才华的朋友们组织起来，成立了一个共同进步的俱乐部，称之为"共读社"，每周五晚上碰面。我起草了规

则，让每位成员轮流针对道德、政治或自然哲学领域的任何一种观点提出问题，供大家讨论。并且每隔 3 个月，每人轮流撰写一篇文章并于现场朗读，可以论述自己喜欢的任何主题。[41]

受到这些聚会的鼓舞，富兰克林又制订了一个计划，由"共读社"的成员共同出资购买书籍，提供给所有成员阅读。这种模式迅速发展，很快便超出了每周五晚举行聚会的范围。于是，1731 年富兰克林便起草了"费城图书馆公司"的章程，成立了美国最早的收费图书馆。

1736 年，富兰克林还组织成立了"联合消防公司"，是美国最早的志愿消防队之一。鉴于殖民地时期的城市很容易失火，消防是当时急需的一项公共服务。到了 1743 年，随着他对科学的兴趣日增，富兰克林又组织成立了"美国哲学会"（如今依然存在），以便加强与美国最聪明的科学家之间的联系。

在创立社交组织的过程中，富兰克林也成功接触到了一些历史悠久的俱乐部。其中一个著名的例子就是，1731 年富兰克林受邀加入了当地的"共济会"。到了 1734 年，他在"共济会"里的职位就晋升为"大师"——这显示出他对整个团体的巨大贡献。

或许最令人称奇的是，这些社交活动全都发生在 1747 年他退出印刷生意之前。在富兰克林的描述中，那一年是一个转折点：退休之后，他终于可以认真对待自己的休闲时光了。

■　■　■

富兰克林是美国历史上最伟大的社会活动家之一。组织活动以及与他人交流给这位闲不住的伟人带来了极大的满足感，从较为功利的角度来说，还为他在商界和政界的成功奠定了基础。虽然很少有人能够像富兰克林那样在社交活动中投入无穷精力，但我们都能从他培养休闲活动的方法中吸取到一条重要的经验：加入某个团体。

富兰克林不间断地参加过各种团体、协会和志愿者机构。任何一个将有趣的人聚集在一起、实现有益目标的组织都会吸引他的注意力，他会将其当成一项值得付出努力的事业。正如我们看到的那样，如果找不到这种团体，他就会自己组织。这种策略的效果显著。初来费城时，他还默默无闻。20年后，他却一跃成了这座城市交游最广和备受敬重的市民，同时也是最忙碌的市民。在富兰克林波澜壮阔的一生当中，萎靡不振和无聊厌倦的时候并不多见。

我们最好牢牢记住富兰克林的宝贵经验。一个为了实现某个共同目标而团结在一起的群体必然会给其成员带来一些烦恼。这些障碍提供了方便的借口，让我们留在由家人和密友组成的舒适圈里。可富兰克林却教导我们，克服这些问题是有价值的。他会建议我们先加入，再去解决其他的问题。至于你加入的究竟是当地的体育联盟、寺庙组织、志愿者群体、家长教师联谊会、社交健身群体还是梦幻游戏玩家俱乐部，都没有关系。很少有事情能像同城市民团体一样给你带来莫大的益处。所以不妨站起身来，走出家门，探索自己的社区吧。

践行方法：遵循自己的休闲活动计划

在职业领域里，很多成就斐然的人士都是一丝不苟的策略高手。他们会为自己想在不同时间范围内实现的事情绘制愿景，将高远的抱负与日常行动的决策联系起来。多年来，我一直都在实践以及撰写这种职业策略的文章。[①] 在此，我想建议你将同样的做法应用于自己的休闲活动，规划好自己的空闲时间。

如果你的生活中充斥着低质量休闲活动，那么制订策略可能听上去非常荒谬：浏览网页或成天看网飞节目，又需要事先计划什么呢？但对于那些喜欢高质量休闲活动的人而言，提前规划所带来的好处会更加明显，因为这类活动往往需要我们进行更复杂的时间安排和组织规划。如果没有深思熟虑的计划，你对高质量休闲活动的追求往往会在日常生活中遭遇阻力，从而退却。

因此，我建议从两个方面来规划自己的休闲活动：季节性的休闲活动计划和每周的休闲活动计划。

---

① 如果想了解我的看法，请浏览我的博客：calnewport.com/blog，其中有大量关于每周计划和每日计划的文章。在上一部作品《深度工作》中，我也讨论过这些问题。

季节性休闲计划

每年，你都有 3 次机会制订一项季节性的休闲计划，时间分别是初秋（9 月初）、初冬（1 月）和初夏（5 月初）。身为一名学者，我更倾向于根据季节来制订计划，因为这也与大学校历相吻合。有商业背景的人士可能更喜欢按季度制订计划，其效果也很不错。你还可以制订半年计划，只要合适就行。为了叙述方便，本书将始终基于季节性计划来提出建议。

一个优秀的季节性计划通常会含有两个条目：在下一个季节里，你打算实现的目标与打算养成的习惯。"目标"中既包括你希望实现的具体目标，还包括实现这些目标的策略。"习惯"则指你希望自己在整个季节里遵守的行为规则。在一份季节性休闲计划中，目标与习惯都与培养高质量休闲活动紧密相关。

下面是一份经过认真思考的季节性休闲计划的范例：

目标：学会用吉他弹奏《遇见披头士!》专辑 A 面的每一首歌曲。

策略：

- 重新给吉他上弦、调音，找到各首歌曲的和弦表，打印出来，并用塑料保护膜封好。
- 恢复经常练习吉他的老习惯。
- 在 11 月安排一场披头士主题派对，作为给自己的激励。
- 在派对上演奏歌曲（让琳达演唱）。

请注意，描述目标时要具体、明确。假如计划制订者写的是"吉他弹得更勤"，那么她成功的可能性就会降低，因为这种目标太过含糊，容易被忽视。实际上她设定的具体目标不仅有明确的标准，也完全适合在一个季节里实现。当然，在追求具体目标的过程中，她必然会付诸行动，更多地弹奏吉他。

还要注意的是，在她实现目标的策略中还含有安排一场派对这样的激励手段，到时她必须学会演奏那些歌曲。虽然这种激励并不具有强制性，但在可能做到的情况下给自己定下一个最后期限往往能发挥作用。最后要注意的是，她并未太过具体地写出时间安排的细节。她指出自己需要经常练习，但没有明确规定每天什么时候练习和每次要练习多久。这些更具体的细节最好留给每周计划。

季节性休闲计划中还包括"习惯"，下面是几个例子：

> 习惯：将进行低质量休闲活动的时长限定为每晚 60 分钟。
> 习惯：每天晚上都坐在床上看会儿书。
> 习惯：每周参加一场文化活动。

每一种习惯其实都是一条需要遵守的行为准则。它们并非服务于某个特定的目标，而是为了让计划制订者在生活中定期进行高质量的休闲活动。

习惯与目标之间应可以相互替换。在前文所举的例子中，计划制订者可以把"每周弹2次吉他"列入习惯清单而不是与披头士有关的目标中。同样，她也可以把"每晚看书"的习惯变成在整个季节中阅读特定书籍的目标，一个需要每天看书才能实现的目标。

这种模糊性是不可避免的，不过无须担心。一份优秀的季节性计划需要包含少量有趣而具有激励作用的目标以及易于遵守的习惯，来确保计划的持久性。如何在这两种类别之间转换休闲活动，并不如确保它们在实践中保持合理与平衡那么重要。

每周休闲计划

每周伊始，你都应当留出时间去回顾季节性休闲计划的执行情况。温习完这些信息后，你就可以将休闲活动填入下一周的计划中。对于季节性计划中的每一项目标，你都需要确定自己在接下来的一周内，能够采取哪些行动来推进。而接着最重要的一步就是精确地安排好在什么时候去做这些事情。

我们不妨回头看看前文中的吉他练习目标。制订每周休闲活动计划是把吉他练习安插进自己的日程中。假设计划制订者把自己的健身时间安排在周一、周三和周五早晨上班前的7∶30至8∶30。那么，她就可以安排在周二和周四早上的7∶30至8∶30里练习吉他。到了另一个星期，假设好几天都要开晨会，让她无法在早上抽出时间来练习吉他，那么她可以在某天空闲的晚上来练习。

假如你已经养成了每周制订详细计划的习惯（我强烈建议大家养成这种习惯），那么完全可以将每周休闲活动计划整合到自己惯用的计划体系中去。越是将休闲活动计划当成自己日程安排中的一部分，而不是某种独立的、可有可无的行动，就越有可能成功地遵循休闲活动计划。

最后，你应当抽出时间回顾并提醒自己记住列入季节性休闲计划中的习惯，这会让你不至于在接下来的一周内忘记。而在一周结束时，简要地回想一下自己这些习惯带给你的体会，也很有好处。有些人喜欢记下自己在遵守习惯规定的行为准则时遇到困难的次数，并且在回想时也看看这种记录。这样做具有双重好处。首先，审视过往的表现能让你在当下更好地坚守自己的习惯。其次，这种思考会让你看出有可能需要解决的问题。假如无论怎么说服自己采取行动，却总是无法坚持某种习惯，那么有可能是这种习惯本身存在着问题，导致你很难达到要求。

■　■　■

你或许会担心，系统性的思考会让休闲活动本身具有的自发性与放松效果消失，而在履行了工作和家庭的义务之后，这种放松正是你所渴望的。请放心，这种担心是没有必要的。制订每周休闲活动计划只需要几分钟，而提前安排好一些高质量休闲活动，也几乎不会让你的空闲时间彻底失去自发性。

我还注意到，当人们带有更强的目的性，往往会在生活中发现更多的休闲方式。每周制订计划有如一场仪式，能够引导你争取更多进行休闲活动的机会。例如，如果星期四没有什么安排，你可以在下午 3:30 下班，晚饭前去徒步。但若是没有提前制订计划，这种主动发现的休闲机会就会更少。换句话说，对休闲活动进行比较系统的规划能够让你在一周中拥有的休闲时间显著增加。

最后，为了让休闲活动计划更具说服力，我还想强调本章的一个基本论点：人们对"什么也不干"的状态抱着过高的期待。在一个忙碌的工作日里，或者艰难度过照顾孩子的一上午后，我们会情不自禁地向往没有事情要做带来的解脱感，希望在大段的时间里没有任何安排、期待，除了此刻引起自己注意的事以外没有任何事要做。这些排解压力的时间确实有用，只是带来的回报是有限的，因为这往往会让我们转而投入一些低质量的休闲活动，比如机械地玩手机或心不在焉地刷剧。把精力投入困难却有意义的事情上，带来的回报往往丰厚得多。

第七章

加入注意力抵抗运动

大卫和歌利亚 2.0

2017年6月,脸书公司推出了名为"难题"的系列博文。公司负责公共政策和传播的副总裁为系列文章撰写了声明,称"数字技术改变了我们的生活方式,我们面临着诸多具有挑战性的问题"。[1]他还写道,这系列文章给了脸书公司解释他们如何解决这些问题的机会。

从声明发出到2018年冬季的这段时间里,脸书公司共计发布了15篇博文,涵盖了各种各样的话题。2017年6月,他们探讨了在全球社区中如何识别仇恨言论;9月和10月,他们讨论了俄罗斯在脸书上投放的广告如何影响美国2016年总统选举;12月,他们驳斥了人们对面部识别技术的担忧,声称脸书使用这一技术的目的是给照片自动添加标签。"我们的社会往往会接受创新带来的益处,同时努力开发这种创新的潜力。"他们写道。接着又指出在 1888 年还有人会对柯达相机感到担心。[2]

当时，我虽然赞同脸书公司在这些问题上采取了更加开明的态度，但在大多数时候，我对这种企业的传播手段并不怎么感兴趣。之后，他们发布了一篇题为"使用社交媒体对我们有害吗？"的文章，由脸书公司的两位研究人员：大卫·金斯伯格（David Ginsberg）和莫伊拉·伯克（Moira Burke）所写。我们在前一章中探讨科学界如何看待社交媒体的利弊时也曾提及这篇文章。文章开篇称："很多有识之士都会从不同角度看待这个问题。"[3] 然后，两位作者检索了大量学术文献，以更清楚地阐明使用社交媒体时的"好方法"与"坏方法"，最后得出结论："根据研究，这个问题实际上取决于你如何使用技术。"[4]

我认为，这篇文章代表着脸书公司在谈及自身时出现了重大态度转变——可能是这个社交媒体巨头的愚蠢之举，甚至可能标志着脸书对当今文化的渗透即将终结。重要的是，它还在无意之中透露了一种有效的策略，让人们能够在一个有众多数字力量想要削弱自主权的时代里，保持这种自主权。

■　■　■

要想理解我为什么说这是脸书的愚蠢之举，我们首先需要理解脸书赖以生存的注意力经济。"注意力经济"指的是将聚集的消费者注意力，打包出售给广告商的商业模式。[5] 这一模式其实并不新奇。哥伦比亚大学法学教授、技术研究者吴修铭（Tim Wu）撰写过一部相关作品：《注意力商人》(*The Attention Merchants*)。他认为，这种经济模式始于1830年，当时的报纸出版商本杰明·戴（Benjamin Day）创办了第一份廉价报纸：《纽约太阳报》(*New York Sun*)。

在那之前，出版商将读者视作顾客，认为他们的目标就是提供足够优秀的产品，说服人们付费阅读。戴的创新之处在于他认识到读者可以变成产品，而广告商也可以变成他的顾客。因此，他的目标变成了尽可能地将读者的注意力出售给广告商。为此，他将《纽约太阳报》的价格降低至1美分，并且刊登了更多大众感兴趣的新闻故事。"他是第一个重视这种理念的人——你将一群人聚集起来，但并不是对这群人的钱感兴趣，"吴修铭在一次演讲中说，"而是你将他们转售给另一些想要获得他们关注的人。"[6]

这种商业模式曾经风行一时，引发了19世纪各家小报之间的明争暗斗。接下来，20世纪的广播和电视行业也采用了这种模式。随着新的大众媒体技术可以聚集规模空前的民众数量，这种模式便被这些行业推向了新的极端。

因此，当20世纪90年代末互联网变成主流媒体之后，业内人士便纷纷想要找出把这种模式用于网络世界的办法。起初的尝试并不太成功（想一想那些广告弹窗）。谷歌公司在2004年上市时估值仅为230亿美元。当时市值最高的互联网公司是易贝

（eBay），其营收来自佣金，不过市值也只有谷歌公司的两倍左右。[7]脸书虽然已经问世，但当时它仍叫"脸书网"，并且只对大学生开放。

10年之后情况却完全变了。就在我撰写本章的时候，谷歌公司已经成了美国市值排名第2的公司，市值超过8000亿美元。[8]10年前用户还不到100万的脸书，如今已有20多亿用户，成了市值排名第5的公司，市值超过5000亿美元。相比之下，埃克森美孚（ExxonMobil）公司现在的市值仅有3700亿美元左右。榨取"眼球时间"是谷歌与脸书等互联网公司关键的利润来源，甚至比开采石油更有利可图。

要想理解这种剧变究竟是如何发生的，只需要看看美国市值最高的苹果公司。苹果手机以及迅速出现的跟风产品，让注意力经济这个此前虽然有利可图却偏小众的行业，一跃成了最强的经济力量。这种转变的核心，就在于智能手机能够在任何时候向用户推送广告，并帮助应用程序服务商收集用户数据，使之能够以前所未有的精准度进行广告投放。事实证明，人类的注意力中蕴含着巨大的潜力，报纸、杂志、电视节目以及广告牌等传统媒体无法加以利用。在智能手机的帮助下，谷歌和脸书之类的公司攻陷了这片未曾受打扰的注意力阵地，大肆洗劫，并在此过程中创造了巨大的财富。

想办法把智能手机变成一块无孔不入的广告牌这件事并不简单。正如我在第一章中提到的，苹果手机的初衷只是为了让人们不用在口袋里同时携带一台音乐播放器和一部手机。想要以这种设备为基础开创一个全新的经济行业，就需要用某种方式说服人们查看自己的手机，并且要经常查看。这促使脸书等公司力图在注意力工程领域里创新，找出利用心理弱点来吸引用户上钩的办法，让人们在这些服务上所花的时间远远超出自己原本的计划。如今，普通用户平均每天花在脸书上的时间就达到了 50 分钟。[9] 再加上使用其他流行社交媒体和浏览网页的时间，这个数字还会更高。这种强迫性使用的现象并非偶然，而是数字注意力经济剧本中写好的。

然而，要想维持人们的强迫性使用习惯，就不能让大家对自己使用手机的方式进行批判性思考。因此，近年来脸书已经将自己定位成一项基础技术，就像电力或移动电话一样，每个人都应当使用，若不使用，你就会显得很古怪。对脸书来说，这种文化渗透正中下怀，因为这会迫使用户持续使用脸书，而脸书却不必反复宣扬自己能带来的具体好处。[①] 一种含糊暧昧的氛围使得人们在注册账号时，心中并无特定的目标，自然，他们也成了注意力工程师更容易捕获的目标。这些注意力工程师巧妙地吸引并利用人们的注意力，让脸书获得了长得惊人的用户使用时间，以维

---

① 作为一个从未使用过脸书的"千禧一代"，我通过自己的亲身经历，看到了这种隐蔽的文化压力。迄今为止，对于注册脸书账号的必要性，我最常听到的一种论调就是脸书可能带来某种我从未意识到的益处。"谁知道呢，你或许会发现这个东西很有用。"——这句话可能是有史以来最糟糕的产品宣传，然而放在数字注意力经济的独特背景下，人们却认为很有道理。

持其同样惊人的 5000 亿美元市值。

现在，我们回过头去看一看脸书公司的愚蠢之举。金斯伯格和伯克那篇文章本应让其雇主感到担忧，因为文章揭穿了"脸书是人人都应当使用的一项基础技术"的神话。通过逐一评估人们使用脸书的不同方式，确定哪些方式可能比其他方式更积极，金斯伯格和伯克二人实际上是在鼓励人们进行批判性思考，去弄清自己究竟希望从这种服务中获得什么。

这种思维有可能给脸书公司带来灾难。要想理解原因，不妨做做这个实验：假设你平时使用脸书，请列出脸书给你提供了哪些重要的好处（换句话说，若是被迫停止使用，你会真正错过什么事物）。现在，假设脸书开始按分钟向你收费，那么在寻常的一周里，究竟需要花多少时间才能得到你列出的、在脸书上能得到的重要好处呢？对大多数人来说，答案都小得惊人，约为 20 至 30 分钟。

相比之下，普通用户平均每周使用这种服务的时间，却高达 350 分钟左右（每天 50 分钟乘以每周 7 天）。这说明，如果谨慎一点，你使用脸书的时间，可能只会是平均水平的 1/11 至 1/17 左右。假如每个人起初都从实用角度出发（金斯伯格与伯克所倡导的方式），那么脸书可以出售给广告商的"眼球时间"就会大幅减少，给利润带来巨大的冲击。投资者当然不会买账（近年来，脸书公司的季度收入哪怕只是出现个位数的下降，都会引起华尔街的焦虑情绪），而该公司也不可能再以目前的形式生存下去了。对数字注意力经济而言，人们是否会批判性地使用这些服务是一个生死攸关的问题。

■　■　■

理解脸书等公司背后脆弱的注意力经济，有助于揭示实践数字极简主义的重要策略。金斯伯格和伯克撰写的文章强调了人们在使用脸书等服务时，有两种截然不同的思维方式。大公司希望"使用"是一个简单的二元条件，要么使用它们的技术，要么做一个怪人。这些公司反而最担心金斯伯格与伯克二人界定的那种"使用"——不同产品提供了不同的免费服务，你可以仔细筛选，接着采取可以使价值最大化的使用方式。

虽说第二种"使用"属于纯粹的数字极简主义，但我们却很难付诸实施。上文中举出数字注意力经济的具体数据，目的在于强调这些公司能够利用大量资源，迫使你放弃金斯伯格与伯克提出的有针对性的使用方式，转而采用这些公司的商业模式所依赖的无节制使用。

这场斗争的双方实力悬殊，这也是我从一开始就没有在这些服务上浪费时间的一个重要原因。用《纽约客》杂志作家乔治·帕克（George Packer）的话来说，就是："（推特）之所以让我害怕，并不是因为我在道德上比它优越，而是因为我觉得自己对付不了它。我害怕最终的结局会变成让我的儿子挨饿。"[10] 然而，如果你必须使用这些服务，但不希望丧失支配时间和注意力的自主权，那么重点是你必须明白这不是一个随意的决定。相反，你是与一些机构进行"大卫与歌利亚"式的战斗，它们富可敌国，又一心想利用财富阻止你获胜。

换言之，以金斯伯格与伯克提出的方式去对付注意力经济，并不是对你的数字生活习惯进行小心的调整；相反，你最好将它视作一种大胆的抵抗行动。不过就算走上这条道路，你也不会是孤身作战。据我对数字极简主义的研究，人们已经发起了一场松散的注意力抵抗运动，为高科技工具制定严格的操作规程，对基于注意力经济的服务采取外科手术一般的精准对策——获取这些服务的价值，然后在陷入对方设置的注意力陷阱之前全身而退。

本章接下来将会提出一些具体建议，引领读者去了解这场抵抗运动的策略。每个践行方法都体现了不同类型的策略。事实证明，这些方法能让你成功避开数字注意力经济为吸引人关注而使出的各种手段。

或许比践行方法更重要的是其中体现出来的思维模式。假如适合你个人的数字极简主义仍然需要使用社交媒体或新闻网站，那么你应该以一种零和博弈的思维去对待这些活动。你希望从它们的服务中获得某种好处，而它们则希望削弱你的自主权。想在这场战斗中获胜，你得做好准备并全心投入，从而避免被利用。

抗争万岁（Vive la résistance）!

践行方法：删除手机上的社交媒体软件

2012年左右，脸书发生了一件大事。当年3月份，该公司首次在手机移动端推送广告。到了10月份，公司14%的广告收入都来自移动端广告，这些收入在马克·扎克伯格日益壮大的帝国中所占的份额虽小，带来的利润却非常可观。[11] 接下来，手机广告便开始大行其道。到了2014年的春季，脸书宣布62%的收入都来自手机移动端。科技网站前沿（The Verge）因此称："脸书如今变成一家手机公司了。"[12] 后来事实证明这种说法很准确：到2017年，该公司移动广告收入所占比例跃升到了88%，且仍在继续攀升。[13]

脸书的统计数据显示了社交媒体中的一个普遍趋势：移动支付的出现。[14] 这对注意力抵抗运动具有重要的意义。智能手机端上的支付服务与在电脑端通过网页浏览器登录的支付服务相比，更擅长劫持你的注意力。这种差异某种程度上是由智能手机无所不在的特性导致的。由于手机往往随身携带，因此在任何场合下你都可以查看自己的动态。然而在智能手机革命之前，只有当你坐在电脑前，脸书之类的服务才能利用你的注意力去赚钱。

然而，还有一种更加不妙的反馈循环在起作用。随着越来越多的人开始使用智能手机上的社交媒体服务，社交媒体公司的注意力工程师也投入了更多的资源，使移动端应用程序变得更有吸引力了。正如本书第一部分论述的，一些工程师设计出了狡猾的注意力陷阱，包括向下滑动刷新动态这种"老虎机"式的操作方式以及醒目的红色通知标志，它们都是专为移动设备而设计的"创新"。

将这些证据综合起来，就会得出清晰的结论：如果你要使用社交媒体，就一定要远离这些服务的移动版本，因为这会为你的时间与注意力带来更大的危险。因此，建议你删掉手机上的所有社交媒体应用，并不是完全不使用，只是别再用手机访问它们了。

■　■　■

这是一个典型的数字极简主义策略。让自己无法随时访问社交媒体，社交媒体就很难成为逃避人生空虚的捷径。但同时，也不必彻底放弃。允许自己通过网页浏览器访问（尽管不那么方便），就能够继续使用某些你认为重要的功能。

2016年年初，在我的上一部作品《深度工作》出版后不久，我提出了这一建议。当时，许多读者都对放弃弊大于利的社交媒体服务这一极简主义建议感到不解。于是我建议，第一步可以先卸载手机上的社交媒体应用程序。在得到的反馈信息中，有两个方面给我留下了深刻的印象。第一，在删除了手机端应用程序的人中，很多人发现他们几乎不再使用社交媒体了。即便用电脑登录带来的障碍并不算大，也足以阻止他们的访问。这说明人们原本认为不可或缺的种种服务，实际上不过是让自己随时分心的方便手段罢了。这一点出人意料。

第二，那些继续在电脑上使用社交媒体的人与这种服务之间的关系也发生了转变。他们开始为了特定的、高价值的目的使用，并且只是偶尔登录。例如，许多读者卸载手机上的脸书之后，查看脸书的频率降低到了每周只有一到两次。对他们而言，社交媒体成了他们偶尔使用的工具之一，而不是随时随地消耗注意力的黑洞。

正是出于上述原因，这条建议才有可能会让社交媒体公司感到害怕。这些公司都乐于讨论其服务的重要性，或者举出他们为社会做贡献的例子。但他们绝对不想让你注意到的一件事：在手机上使用这类服务真正、唯一的理由，就是确保他们自身的季度收入继续稳定增长。

践行方法：将数字设备变成一台专门用途的计算机

2008 年，弗雷德·斯塔茨曼（Fred Stutzman）还是北卡罗来纳大学的一名研究生。当时，他正在撰写博士论文，主题是社交媒体之类的新工具在帮助人们实现生活状态转换（比如去上大学）时的作用。然而颇具讽刺意味的是，斯塔茨曼那台联网的笔记本电脑带来了太多具有诱惑力的干扰，竟然让他的研究举步维艰。对此，他的解决办法是在家附近的一间咖啡馆里写论文。这个计划原本进展顺利，直到咖啡馆旁的大楼里有了无线网络。斯塔茨曼为自己无法抵抗互联网诱惑而感到懊恼，便自己编程创造了一个工具，在规定的时间里断开电脑的网络连接。他还恰如其分地给这款工具命名为"自由"。[15]

在斯塔茨曼把这款工具发布到网上之后，很快便吸引了一批狂热的追随者。认识到自己有了一个新发现后，他便中断了学术生涯，将全部精力放到改进这款软件上。在随后的几年里，这个工具变得更加复杂。如今，人们不但可以用它来断开互联网，还可以用它来屏蔽特定的干扰性网站和应用程序，还可以设置定时自动激活。它适用于所有的数字设备，只要在界面上单击一下就能激活，完成计算机、手机和平板电脑上的屏蔽任务。

如今，这个软件的用户已经超过了50万人，其中还包括小说家扎迪·史密斯（Zadie Smith）。她在2012年一部广受好评的畅销书《西北》（*NW*）的致谢部分就感谢了"自由"这款软件，认为这给她"创造了"完成书稿"所需的时间"。[16] 史密斯并不是一个特例。"自由"的内部调查表明，用户们平均每天都增加了2.5小时的工作时间。

尽管"自由"以及其他一些广受欢迎的屏蔽工具［比如"自控"（SelfControl）］很有效，但它们在人机交互中所起的作用却经常遭到误解。例如，我们可以看看下面这段话，摘自《科学》（*Science*）杂志上一篇介绍斯塔茨曼的文章："讽刺的是（也可以视作一种逆行倒退），拥有笔记本电脑这样具有强大生产力的现代机器后，却要关闭其中一些核心功能以提高效率。"[17]

这种屏蔽计算机的某些功能会限制其潜力的观点，在那些对"自由"等工具持怀疑态度的人群之中很普遍。这种观点同样有缺陷，因为这是对计算过程和生产力的一种误解。这种误解带给大型数字注意力经济企业的好处，要远远超过受到这些企业剥削的个人用户获得的益处。

■　■　■

要想理解我的上述主张，需要简要地回顾一下历史。在电子计算机问世之前，人们就已经有了执行实际任务的电子机器。例如，许多人都已忘记，早在19世纪90年代，国际商业机器公司（IBM）就向美国人口普查局出售自动制表机了。[18] 然而计算机之所以具有革命性，原因之一是它们具有通用性，即同一台机器可以经过编程执行多种不同的任务。相较于为每种计算任务单独制造机器，这是一种巨大的进步，也是计算技术最终改变了20世纪经济的原因所在。

始于20世纪80年代的个人计算机革命，则把这种通用的生产力带给了个人。例如，早期的苹果电脑（Apple Ⅱ）有一则平面广告，描述了这样一个故事：美国加利福尼亚州的一位店主，在工作日里使用电脑绘制销售图表，然后在周末又把电脑带回家里，跟妻子一起用电脑处理家庭收支。[19] 那时，可以执行多种不同任务是一台机器的关键卖点。

正是这种把"多用途"等同于"高生产力"的思维，才导致人们对"自由"等工具持怀疑态度，因为它们会从你的计算机中移除一些功能。然而，这种思维定势的问题在于，它忽视了时间在生产力中的作用。通用计算机的强大之处在于你不必使用多个设备来实现不同的用途，而不是让你可以在同一时间里做多件事情。正如苹果电脑广告中的那位店主也并未试图同时做两件事情。

在计算机发展史上，直到晚近都没有必要进行这种区分，因为一直以来个人电脑一次只能运行一个程序，用户从一个程序切换到另一个的成本很高，并且通常要用到软盘和繁复的口令。当然，如今情况则完全不同了。从文字处理程序跳转到网页浏览器，只需要快速的一次单击。然而很多人却发现，在不同的应用程序之间来回切换，从结果的质量与数量而言，往往降低了人机交互的生产力。

基于这一点，"拥有笔记本电脑这样具有强大生产力的现代机器后，却要关闭其中一些核心功能以提高效率"这件事并不具有什么深刻的讽刺意义。相反，一旦你认识到一台通用计算机的力量在于它能够让用户完成的任务总数，而非让用户同时进行的任务数量，那么，这件事就相当自然了。

正如前文提到的，从不愿关闭电脑某些功能的做法中获益的主要是数字注意力经济。若你允许自己随时使用通用计算机提供

第七章　加入注意力抵抗运动　215

的所有功能，其中就会包括旨在劫持注意力的应用程序和网站。因此，如果你希望加入注意力抵抗运动的阵营，那么你应该效仿弗雷德·斯塔茨曼的做法，将你的数字设备（包括笔记本电脑、平板电脑和手机）变成一台这样的计算机：从长远来看，它仍然属于通用计算机，但在任何具体时刻，它实际上却是一台专门用途的计算机。这个践行方法建议你利用"自由"之类的工具，主动地控制自己访问某类网站或应用程序的时间（它们的背后是利用你的注意力来赢利的公司）。这个建议不是让你偶尔在解决某个特别困难的任务时屏蔽掉一些网站，而是将这些网站都设置为默认屏蔽状态，只有在安排好的特定情况下使用。

　　例如，如果你的工作不需要使用社交媒体，那么不妨在日程安排中彻底屏蔽掉它们，只有晚上的几个小时除外。而假如你的工作中确实需要使用某款社交媒体工具（比如推特），那么就可以在一天中留出数段查看它的时间，而在其他时候则保持屏蔽状态。若是某些资讯娱乐网站吸引了你的注意力（对我来说，华盛顿国民队的棒球新闻有时会很诱人），那么同样应当遵循这一习惯，除了特定的时间段外，持续屏蔽这些网站。

　　这种默认屏蔽的做法乍一看可能有些过激，可实际却是你得到了近乎专门用途计算机的理想状态，这也与人类的注意力系统更加兼容。与本章其他建议一样，默认屏蔽并不需要你彻底放弃数字注意力经济带来的所有成果，而是督促你更有目的地利用它们。这是看待自己与电脑关系的一种不同的思维方式，也是在这个注意力涣散的时代保持极简主义生活所需的一种思维方式。

践行方法：像专家一样使用社交媒体

詹妮弗·格利吉尔（Jennifer Grygiel）是一位社交媒体专家。专家的意思并不是指他们擅长使用社交媒体。相反，詹妮弗对如何从这些工具中获取最大价值有着专业的见解，并且以此为生。

在 Web 2.0 革命兴起期间，詹妮弗曾是道富银行的社会事务与新媒体经理。道富银行是一家全球性的金融服务公司，总部设在波士顿。詹妮弗帮助公司建立了一个内部社交网络，使其遍布世界各地的员工之间能够更加有效地合作。她还为道富银行创建了社群聆听项目（social listening program），使得他们能够在繁杂的社交媒体信息中，监测到人们提及"道富"的情况（詹妮弗告诉我，当一家公司的名字出现在全国各地成千上万的路标上时，这项任务会变得非常具有挑战性）。

后来，詹妮弗离开道富银行，进入了学术界，成了久负盛名的锡拉丘兹大学纽豪斯公共传播学院的一位传播学助理教授，研究方向是社交媒体。如今，詹妮弗正向新一代的传播专业人才传授使社交媒体的力量最大化的方法。

这样的职业履历会让詹妮弗在社交媒体上花费大量的时间，但我对詹妮弗使用社交媒体的具体方式却更感兴趣。假如你也像我一样问问詹妮弗的使用习惯，就会发现社交媒体专家对待社交媒体的方式，并不同于普通用户。他们的目的，是利用这些工具为自己的职业和（小范围的）个人生活获取最大的价值，同时避开这些服务诱导用户产生强迫性行为的低价值一面。换言之，他们自律的专业精神，对任何一个希望加入注意力抵抗阵营的数字极简主义者来说，都是一个了不起的榜样。

因此，下面我将具体说说詹妮弗使用社交媒体的习惯。虽然你不需要完全照搬这些策略，但可以在使用社交媒体的过程中灵活借鉴。

■　■　■

总结詹妮弗·格利吉尔的社交媒体习惯，最简单的方式是从她不会做什么开始。首先，詹妮弗认为社交媒体不是一种好的休闲娱乐资源："如果看一看我的推特消息列表，你不会看到很多狗狗表情包账号……我已经有很多了，不必再去关注那些账号。"[20]

詹妮弗确实会利用照片墙等社交媒体软件关注少量与自己兴趣相关的账号，但关注的范围相当狭窄，通常都只需几分钟就足以浏览完从上次查看以来的所有新帖子。然而，对于社交媒体软件日益流行的、让用户拍摄生活中精彩瞬间的功能，詹妮弗却持怀疑态度。她认为这种功能就是"由你的朋友主演的电视真人秀"，其目的是增加用户发布的内容数量，从而延长他们消费这些内容的时间。詹妮弗可不会上钩:"我不确定那些(功能)能带来多少附加价值。"

詹妮弗使用脸书的频率也显著低于普通用户,她一直遵循着一条简单的规则:只将脸书用于联系密友、亲戚以及偶尔联络一些有影响力的人。"早年间,我同意任何人添加好友的请求,"她说,"可其实我们不应当如此频繁地联系这么多人。"如今,詹妮弗试着把自己的互动好友保持在"邓巴数字"①以下,因为150人是理论上一个人在社交圈子里能够成功保持联系的人数上限。②大多数情况下,詹妮弗并不会与专业同事在脸书上互动:"假如需要联系某位同事,我会去他们的办公室,或者下班后找他们聊天。"詹妮弗还认为脸书并不是一个适合用来关注新闻或讨论问题的平台——"那上面的文明礼貌问题已经变得非常棘手"。

詹妮弗每隔4天左右就会登录一次脸书,看看自己的好友与亲戚近况如何,仅此而已。脸书普通用户平均每天花在核心功能上的时间是35分钟(若是算上使用脸书公司其他社交媒体服务的时间,则总时长会增加到50分钟左右),而詹妮弗每周花在这种服务上的时间甚至不到1个小时。登录查看自己的好友动态是

---

① 由英国牛津大学人类学教授罗宾·邓巴(Robin Dunbar)研究和提出的一项理论,亦称"150定律"。他根据猿猴的智力与社交网络推断出,人类的智力允许人类维持稳定社交关系的人数约为150人。——译者注
② 如今,虽然詹妮弗在脸书上依然有1000多位联系人(将某人移出好友名单是一种令人为难的社交行为),但她还是努力将互动好友限制在150人以下。詹妮弗在新闻推送上使用了抢先看(See First)功能,并限制了接收消息的人以实现自己的互动目标。

一种有用的功能，但这种功能并不需要你浪费太多的时间（脸书却希望你忽视这一事实）。

如今，詹妮弗最关注的社交媒体是推特，她认为这是对于专业人士而言最重要的一项服务。詹妮弗的理由是各领域内的杰出人士大多数都会发布推文，利用他们的"集体智慧"，你就能随时了解突发新闻和新颖的思想。推特还会让你接触到可能对自己的职业人际网络发展有益的重要人物。（在职业生涯中，詹妮弗曾多次通过社交媒体联系上别人，获益匪浅[①]。）

基于开发企业社群聆听项目的经验，詹妮弗认为大多数社交媒体信息流中充斥着喧嚣的杂音，也认识到想要在这种喧嚣中获得有益信息，就必须持有谨慎和自律之心。有鉴于此，詹妮弗在推特上给学术兴趣和音乐爱好分别申请了一个账号（多年来詹妮弗一直在乐队里表演）。詹妮弗花了很多心思，每个账号都谨慎选择关注对象，主要是一些杰出的思想家或专业领域里具有影响力的人士。例如，詹妮弗的学术账号经过精心挑选，关注了一些记者、技术专家、学者和政策制定者。

詹妮弗把推特看成她了解热点新闻或思想的工具，这一点对她的工作来说尤其重要，因为人们经常要求她谈及或评论专业领域内的突发新闻。当某件事情在社交媒体上引起了詹妮弗

[①] 詹妮弗和我就是这样联系上的：詹妮弗在别人的推荐下阅读了我的书，然后通过社交媒体查看了我的履历，发现我们差不多同时就读于麻省理工学院。因此詹妮弗给我发了邮件，带来了我跟她之间的第一场关于社交媒体的友好对话。

的注意，她就会单独对这件事进行深入研究。在某些情况下，詹妮弗还会使用一款叫作"推特甲板"（TweetDeck）的桌面工具，来帮助她进行复杂搜索，以便更充分地了解推特上的种种趋势。例如，这款工具有一项叫作"阈值设置"的重要搜索功能。詹妮弗解释：

> 我可以针对某个主题，比如"黑人的命也是命"运动（Black Lives Matter），在推特甲板上设定阈值，让我只会看到超过 50 个点赞或转发了 50 次以上的推文。接着还可以进一步设置条件，比如只显示经过认证的账号。

当然，阈值设置只是推特甲板的一项高级搜索功能，而推特甲板也只是众多具有这类高级过滤功能的工具之一（出于这一目的，很多大公司常常会购买适配公司客户关系管理系统的昂贵软件组合）。在这里，重要的是借鉴像詹妮弗这样的专家的经验和智慧，在社交媒体的杂乱信息中辨别哪些信息值得关注。

■　■　■

"社交媒体提供了让我们受益和成长的机会，但同时也带来了实际的负面影响。"詹妮弗告诉我，"就像走钢丝一样……我们需要找到一种平衡。"她还提到了保持平衡的一个有效办法：

应当将自己当作社交媒体的管理者；对于不同平台，都应当认真制订一个使用计划，目标是"将有益信息最大化，清除垃圾信息"。在社交媒体专家们看来，无休无止地浏览动态来娱乐消遣实际上是一个陷阱（这些平台设计的初衷就是最大程度占据你的注意力），是一种被这些服务利用，而非利用这些服务来获益的行为。意识到这一点，能够让你与社交媒体之间的关系变得不那么紧张而更加有益。

践行方法：拥抱慢媒体

2010年年初，3位有社会学、技术开发和市场研究背景的德国人在网络上发布了一篇题为"Das Slow Media Manifest"的文章。[21] 标题翻译过来，意思是"慢媒体宣言"。[22]

这份宣言的开篇指出，在21世纪的头一个10年里"媒体领域的技术基础发生了深刻的变化"[23]，因此第2个10年应当致力于找出应对这些变化的"恰当反应"[24]。对此，宣言给出的建议是：接受"慢"的概念。[25]《慢媒体宣言》效仿"慢食运动"（Slow Food，提倡用地方食物和传统烹饪来取代快餐的饮食潮流，自20世纪80年代在罗马发端以来，已成为欧洲颇具影响力的重要文化力量），认为数字注意力经济正塞给我们越来越多的诱饵，将我们的注意力分割成情绪碎片，而对此恰当的反应是更加有意识地消费媒体：

> 慢媒体不是随意消费，而是激发用户的全部注意力……慢媒体会以很高的质量标准，从生产、形式和内容等方面来要求自己，以与那些快速生产但内容生命短暂的媒体形成区隔。[26]

这一运动，如今依然在欧洲盛行。然而事实证明，我们美国人的反应则较为古板。欧洲人建议将媒体消费变成一种高品质体验（就像慢食运动对待饮食的态度），美国人却倾向于接受一种"低信息饮食"。这个概念最初由蒂姆·费里斯（Tim Ferriss）提出，指严格筛选新闻和信息来源，以获得更多时间做其他的事情。[27] 美国人对待信息的态度和对待健康饮食的态度极为相似：更专注于主动消灭不利因素，而非欣然接受美好的东西。

这两种方法各有优点。若想浏览新闻，但又不变成注意力经济集团的奴隶，那么从长远来看，我认为像欧洲人一样把重点放在"慢"上面的做法更有可能获得成功。因此，这种践行方法建议你欣然加入慢媒体运动。

■ ■ ■

《慢媒体宣言》针对的是媒体内容生产者和消费者双方。但在此我主要关注消费方面，特别是新闻，因为这是尤其容易占用注意力的一种媒体消费。

如今，许多人都是通过在网站和社交媒体上浏览订阅信息来消费新闻的。例如，如果你对政治感兴趣，并且立场倾向于左翼政治派别，那么你可能会订阅美国有线电视新闻网、《纽约时报》、政客新闻网、《大西洋月刊》、推特简讯以及脸书的动态时报；如果你对科技感兴趣，那么订阅列表中还可以有黑客新闻（Hacker News）和红迪网；如果你对体育感兴趣，那么可能还会订阅某些体育媒体以及具体的球队粉丝页面。

让这种新闻消费行为得以延续的原因是一种惯性。你并不需要有意识地决定自己要访问哪些网站与订阅内容，相反，一旦这种使用方式被激活，这些资讯会自动出现。哪怕是一条微不足道的无聊提示都会触发这台庞大的"鲁布·戈德堡装置"[①]。

我们习惯了这种行为，因此很容易忘记这主要是新崛起的数字注意力经济的产物。这些公司都很喜欢你习惯性地访问，因为你每次查看新闻，都会给它们的银行账户里送去更多的钱。每天10次，查看10个不同的网站，就会让这些公司赚到钱，即便你收获的资讯并不比每天只查看1个优秀网站1次要多。换言之，我们的行为并不是对这个联系日益紧密的时代做出的一种自然反应，而是由强大经济压力塑造的一种有利可图的无意识癖好。

慢媒体则提供了一种更加愉悦的选择。

要想以一种慢思维模式来使用新闻媒体，你首先得做到只将

[①] 鲁布·戈德堡装置（Rube Goldberg apparatus）指一种设计得过于复杂、以迂回曲折的方法完成简单任务的机械组合，最初由美国漫画家鲁布·戈德堡在其作品中创造。——译者注

注意力分配给品质最好的新闻来源。例如突发新闻的质量，与事件过后一段时间、记者调查之后写成的报道相比，一般要低得多。一位著名的记者对我说，在推特上关注一桩突发事件，会给他带来获得大量信息的感觉；但根据他的经验，若是等到第二天早上再去看《华盛顿邮报》的报道，获得的信息往往更全面。除非你是突发新闻记者，否则关注互联网上有关重要事件的铺天盖地、不完整、冗余且常常相互矛盾的信息，效果往往会适得其反。出现在老牌报纸和在线杂志上的报道往往经过核查，提供的信息在质量上通常高于社交媒体上的信息以及突发新闻网站上的内容。

同样也应该选择只关注那些优秀的文章作者。互联网是一个民主的平台，任何人都可以在网上分享自己的想法。这一点原本值得称道，只不过当涉及新闻报道和评论时，你应当对注意力稍加管理，只关注少数在你关心的领域内水平一流的人士。他们并不一定是某家老牌机构的撰稿人，只要他们曾用作品证明自己具有可靠的智慧与洞察力就行。因为个人博客上以强有力的声音表达自身观点的博文，其质量有可能并不逊色于《经济学人》等杂志资深撰稿人的文章。当一个问题引起了你的注意，最好先了解一下自己认可的人士会如何看待这个问题，而不是一头扎进推特的搜索标签里，或是陷入人云亦云的脸书动态中。少量的高质量内容往往胜过大量的低质量内容，这是慢媒体运动的一条原则。

慢媒体运动的另一条原则是：如果你对政治和文化评论感兴

趣，那么同时阅读与你自身立场相左的优秀观点往往会提升你的认识。住在华盛顿特区使得我认识多个党派的政治活动家。职业需要让他们必须随时了解有力的反对意见。这还带来了一种副作用：聊天时，他们更愿意聊政治。在私下里，他们并不会像大多数业余的政治评论人士一样，表现出急于反驳对立观点的冲动，而是能够找出关键的深层问题，或者识别导致问题变得复杂的有趣细节。我推测，他们从消费政治评论中获得的乐趣，要远远多于那些只想证明任何一个持不同意见者都是疯子的人。自苏格拉底的时代以来，人们一直都很清楚，不管辩论的实际内容是什么，参与辩论都会给我们带来一种深层的满足感。

慢媒体的另一个重要的方面是：决定如何以及何时进行消费。前文中的那种强迫性的不断点击就像吃"多力多滋"薯片，违背了慢媒体运动的原则。与之相反，我建议每周设定一个固定的看新闻的时间。为了培养《慢媒体宣言》中提倡的"集中全部注意力"状态，我还建议选择一个能够让你集中全部注意力的场所来阅读新闻，并形成一种习惯。同时，你还需要注意阅读新闻的具体方式。

例如，你可以在每天吃早饭时浏览报纸。这样做既会让你迅速了解重要的新闻，也能提供比在线订阅更有趣的其他新闻。接下来，到了周六上午，你可以登录一系列经过精心挑选的新闻网站和网页专栏，给你想要仔细研读的内容添加书签，然后带着平板电脑前往附近的一家咖啡店阅读这些文章和评论。如果能够将这些文章下载到电脑里，在没有网络干扰的情况下阅读则会更好。严肃的新闻消费者往往还会利用浏览器插件或聚合工具，因为它们能够给阅读者提供没有广告和点击诱饵的文章。

遵照上述方法（或者用类似的注重慢和高质量的方式）来消费新闻，你就会在始终紧跟时事的同时，了解到自己关注领域里的重要观点。并且在实现这一目标的过程中，不会让疯狂的点击牺牲自己的时间和心理健康。

还有其他许多规则和习惯可以带来类似的益处。拥抱慢媒体的关键，就在于最大限度地提高消费内容的质量以及消费的环境。如果你真心希望加入注意力抵抗运动，那么在面对如何与网络信息互动这一问题时，你需要认真对待上文中的观点。

践行方法：让智能手机不那么"智能"

保罗在英国的一家中型工业企业里工作。他的年纪并不大。他在 2015 年秋天采取了一项非常之举：把自己的智能手机换成了一部多乐便利手机（Doro PhoneEasy）——一款带有超大按键和大字体显示屏的传统翻盖手机，主要出售给老年人。[①]

[①] 有意思的是，保罗后来察觉了一场"地下运动"——很多企业高管都在使用像多乐这样的非智能手机。他们大多就职于金融领域，往往是对冲基金经理。事实证明，对于那些每天都在高风险交易中经手数亿美元资金的人来说，确保自己不被一些影响决策、可能导致巨额资金损失的市场信息所干扰，会给他们带来巨大的优势。

我问保罗使用这种手机是什么感觉,他告诉我:"我知道这样做很傻,开头那几周也确实不好过,我都不知道该拿自己怎么办。"可不久后,收获就来了。其中的一个积极变化就是他在陪伴妻子儿女的时候,不再觉得自己注意力涣散了:"我一直都没有意识到,陪伴他们的时候我有多么心不在焉。"而他的工作效率也突飞猛进。与此同时,度过了最初难挨的几周之后,他的无聊感和神经紧张都烟消云散了:"我不再那么焦虑了。而之前我都没有意识到自己其实非常焦虑。"妻子也感到如今的他非常快乐。[28]

身为科技公司高管的丹尼尔·克劳夫(Daniel Clough)在决定简化手机使用方式之后,并没有扔掉他的智能手机,而是收到了厨房的碗柜里。他喜欢在锻炼的时候使用它,这样就能够一边听音乐,一边使用一款叫作"耐克+"(Nike+)的健身追踪程序。然而在其他大多数场合,他却会带着一部诺基亚130手机。这款手机只是外形比多乐手机时尚,但功能一样简单,没有摄像头、应用程序、互联网,只能接打电话和收发短信。像保罗一样,克劳夫也花了一个星期左右的时间克服了想不停查看手机的冲动。很快,克劳夫就越过了这道障碍。他在博客上写道:"我感觉好多了,更加专注于当下,心思也没有那么混乱了。"克劳夫称,没有智能手机的生活给他带来的主要不便,是他无法随时搜索信息,"可这带来的美好体验却远远盖过了没有智能手机的不便。"[29]

即便是"前沿"网站（The Verge）这种科技支持者的前沿阵地也承认，回归更简单的通信工具有其潜在价值。2016年总统大选让记者弗拉德·萨沃夫（Vlad Savov）养成了不停查看推特的习惯，这让他疲惫不堪，便撰写了一篇题为"是时候让非智能手机回归了"的文章。在文章中他主张，重新回归非智能手机的做法"并不像人们想的那样是一种严重的倒退，也不会回到数年之前的情形"。[30] 他的主要论点是，由于平板电脑和笔记本电脑已经变得极其轻盈和便携，因此人们不再需要将种种提高生产力的功能塞进日益强大（干扰性也日益变强）的智能手机里。手机可以只用于打电话和收发短信，而使用其他便携式设备执行此外的任务。

也许有人想得到双重好处：在某些场合随身携带一部智能手机（比如长途旅行或需要使用某款应用程序的时候），其他情况下则使用另一部不会让他们分心、非智能的手机。但同时他们也会担心拥有两个不同的电话号码会带来不便。如今，这种情况也有了一个解决的办法，那就是使用与智能手机绑定的傻瓜电话——从智能手机延伸出的极简电话，例如一款在众筹网站上备受青睐的轻云朵机（Light Phone）[31] 就是如此。

这类手机就像一块外形简洁的白色塑料板，约有两三张信用卡叠起来那么厚，上面有键盘和一个小型的号码显示屏，仅此而已。这台手机的所有功能就是打电话，通话质量和智能手机差不多，所以仍然算是一种通信设备。

如果你需要离家去办点事情，想要摆脱智能手机对自己注意力的干扰，那么只需要在智能手机上轻点几下激活轻云朵机就行了。这时，所有打给智能手机的电话都将转接到它上面。如果你用它给别人打电话，对方显示的号码也将是你智能手机的号码。当你想把它收起来时，只需要再在智能手机上点击几下就能关闭转接功能。轻云朵机的目的并不是取代智能手机，而是一款应急工具，让你能够长时间地远离智能手机。

轻云朵机的创始人乔·奥利耶（Joe Hollier）和汤凯为（Kaiwei Tang）是在谷歌公司的一个企业孵化器结识的。孵化器鼓励他们开发软件应用，还传授他们让产品对投资者产生吸引力的办法。不过，他们对此并不感兴趣。"我们很快便看出，这个世界最不需要的东西就是一款新的应用程序了。"他们在自己的网站上写道，"轻云朵机的诞生，就是为了取代那些激烈争夺大众注意力的科技垄断企业。"[32] 奥利耶与汤凯为也都是注意力抵抗运动中的一员。为了将意图表达得更清楚，二人还在网上发表了一份宣言，开篇就是一幅示意图："你的（时钟标志）= 他们的（金钱标志）。"[33]

■　■　■

在前文论述独处的章节里，我曾建议你摒弃一种认为必须时时携带智能手机的惯有思维。我希望这样做能够为你创造出更多的独处机会，因为人类需要独处才能不断成长。在这里，我们的探讨更进一步，我建议可以通过替代性的通信设备让自己在大多数时候都可以摆脱智能手机的干扰。

摆脱智能手机的束缚，很可能是你朝注意力抵抗运动迈出的最庄重的一步。这是因为智能手机可谓数字注意力经济最偏爱的一匹"特洛伊木马"。如本章开篇所述，正是这种始终在线、可以互动的"广告牌"得到了普及，才使得整个行业不断发展壮大，直到如今在全球经济中占据了主导地位。因此，如果没有随身携带的智能手机，你就会从这些机构的"雷达"上消失，最后你将发现重新掌控注意力会变得简单很多。

当然，简化智能手机的功能是一个重大的决定。我们对这些设备的迷恋其实远甚于它们分散注意力的能力。对许多人而言，智能手机为现代生活提供了一张"安全网"，让他们免于迷路，不会感到孤独，更不会错过好东西。要让自己确信一部非智能手机也能够充分满足这些需求并且利远大于弊，这可不容易。实际上，你可能需要彻底改变自己的观念，投入一场没有智能手机的生活试验，看一看生活的真实模样。

对很多人而言，这种做法可能过于极端。有些人会出于一些重要的特殊原因而离不开智能手机。例如，你可能是一位需要上门提供服务的医疗工作者，那么能够随时访问谷歌地图就很关键。就在我撰写本章的时候，我还收到了巴西库里蒂巴一位读者的来信，他指出在一个经常找不到出租车，也不可能步行的城市里，能够使用像优步（Uber）之类的拼车服务，对人们的出行来说至关重要。

对另一些人来说，情况则有可能正好相反：智能手机并不会成为一个问题，把智能手机从生活中除去，也不足以让他们获得太多的益处。我自己就是这样的人。我没有社交媒体账号，不玩手机游戏，讨厌发短信，每天都长时间远离手机。虽然我可以把自己的苹果手机换成一台诺基亚130，可这样做不会有太大的差别。

反之，如果你能做到在不使用智能手机的情况下外出，真心觉得这样做可能会让生活变得更加美好，那么你就应当相信，这并不是一个激进的决定，至少不会像一开始看上去那样激进。反智能手机运动正蓄势待发，而支持这种生活方式转变的工具也在不断改进。如果你因为沉迷智能手机而感到疲惫不堪，那么如今你可以说"不会再这样了"，实际上这也不难。请记住奥利耶与汤凯为两人曾以"你的时间 = 他们的金钱"这个观念来展开自己的宣言。你应当夺回自主权，将时间投入自己认为更有价值的事物上去。

结　语

　　1832年秋，法国邮轮"萨利号"离开法国勒阿弗尔驶向美国纽约。船上有一位刚从欧洲游历归来的41岁画家，此前，他的作品并未引起人们的太大关注。这位画家名叫萨缪尔·莫尔斯（Samuel Morse）。

　　历史学家西蒙·温彻斯特（Simon Winchester）说，正是在这趟旅程中，在大西洋上的某处，莫尔斯"经历了一次将有助于他改变世界的顿悟"。[1]而促成这种顿悟的，是船上的另一位乘客查尔斯·杰克逊（Charles Jackson），他是哈佛大学的地质学家，碰巧对电学研究领域里的最新发现了如指掌。二人在讨论电的潜在用途时，无意中诞生了一个非凡的见解。莫尔斯回忆，当时他心想："如果能够让电路中任何一个位置的电流都清晰可见，那么为什么不能用电流来传递情报呢。"[2]

　　在温彻斯特的描述中，对莫尔斯这位不太成功的画家而言，这个想法带来了"有如预言一般的启示"[3]，莫尔斯立即理解了电子通信的可能性。一抵达纽约，他便急忙冲进了自己的工作室，开始了漫长的实验过程，想把他在萨利号上酝酿出来的这个看似简单的想法付诸实践。在狂热地实验了12年之后，1844年5月，莫尔斯在美国最高法院的会议厅里，被一群有影响力的立法者和政府官员簇拥着，将他的发报电键安装到了一张桌子上。莫尔斯与其同事、发明家阿尔弗雷德·维尔（Alfred Vail）之间，有一根电线相连。电线上每隔一段，就装有一个信号继电器。当时，阿尔弗雷德·维尔位于40英里以外巴尔的摩郊外的一座火车站里。

莫尔斯第一次对自己的重大发明进行展示的时间终于到了。按照一位支持他进行创新的专利专员的女儿所提的建议，他敲出了圣经《民数记》结尾一句众所周知的话："上帝创造了何等奇迹？"

温彻斯特认为，这句话若是单独来看，是"莫尔斯对自身信仰朴素却清楚的宣言"。[4]但考虑到这项发明即将引发的巨大变革，我们最好将它理解为"一句预示着一个变革时代即将到来的引言，而这个时代的发展速度始料未及，带来的后果也难以估量"。

有史以来，人类一直都在通过发明创造来改变世界。不过，温彻斯特说，驱动电子通信发展的创新却"以一种难解的方式改变了我们"。[5]人类在数百万年的进化过程中，对世界形成了一种自然的理解，且烙印于大脑当中。机械的发明创新是与这种理解相适应的。虽然一台轰隆作响的蒸汽机车可能会让人心生敬畏，但从根本来看，这种现象解释得通：火让水产生蒸汽，蒸汽则推动蒸汽机的活塞。

然而，电报、电话、电子邮件和社交媒体却不同于此。我们对电流以及控制电流的复杂元件都缺乏直观感受。而两个人除了相距很近的情况外，还能在相距很远的两地相互交谈，这对人类而言是一种完全陌生的观念。其结果是我们始终难以想象出萨缪尔·莫尔斯发动的这场电子通信革命会带来什么样的后果，我们对这场革命影响的理解，大都是事后之见。

在前文中我提到，对于1844年之后电报的兴起，梭罗的反应是，人们急于在缅因州与得克萨斯州之间修建一条电报线路，却从未停下来问一问，这两个州之间究竟为什么需要联系。尽管这种观点的具体内容有些过时，但其思路同样适用于当前这个社交媒体与智能手机流行的时代。脸书、苹果手机，无线网络和光纤通信领域内种种神秘的、近乎魔术的创新，让强迫性的交流与在线联系席卷了我们的文化。那之前没有人能保持着清醒的头脑，重新问一问梭罗提出的根本问题：这样做，到底是为了什么？

其结果是，种种意料之外的后果让我们的社会不知所措。我们先是充满热情、急切地注册硅谷的产品，可很快便意识到，这个过程中我们也在无意中贬低了自己的人性。

在这条长长的发展轨迹上，我们可以将数字极简主义添加进去。这一理念旨在成为人类对抗电子通信这种异质的人造物的一座堡垒，让这些创新的优点为我们所用（事实上，缅因州与得克萨斯州之间确实有需要交流的事），同时，不让它们的神秘特性破坏我们对有意义的惬意生活的强烈渴望。

■ ■ ■

这段历史看似将数字极简主义抬得过高，但践行这一理念基本上就是践行实用主义。数字极简主义者会把新技术视为工具而非价值之源，用于支持他们内心深处珍视的事物。他们不会以提供了某种微不足道的益处作为理由，来让吞噬注意力的服务进入自己的生活。相反，他们关心的是带有目的性地使用经过精心挑选的新技术，并从中获得巨大的益处。同样重要的是，他们会心安理得地无视其他的一切。

与此同时，我还想强调一点，那就是向这种生活方式转型可能需要付出巨大的努力。我采访过许多数字极简主义者，他们都曾在最终获得胜利和任由工具摆布之间摇摆过。这是没有问题的。实践数字极简主义并不是一蹴而就的，而是需要你做出持续不断的调整。

以我的经验来看，这种理念取得成功的关键在于认识到它实际上与技术无关，而关乎你的生活质量。你越是努力地尝试前文所述的方法，就越能认识到数字极简主义不仅仅是一系列规则，而且还关乎如何在这个充斥着诱人数字设备的时代中，培养一种有意义的生活。

一些顽固捍卫数字生活现状的人可能把数字极简主义斥为一种反科技的理念。但我希望本书已经让你确信，这种观点具有误导性。数字极简主义完全不是反对互联网时代的创新，而是抵制当前许多人使用这些创新工具的方式。身为一名计算机科学家，我以开发数字领域的前沿技术为生。像这个领域里的许多人一样，我也为未来的技术具有的种种可能性而陶醉。但我坚信，只有付出必要的努力去掌控自己的数字生活，自信地决定我们想要使用什么工具、出于什么理由使用以及在何种条件下使用，我们才能释放出这些潜力。这种观点并非保守反动，而是常识。

在本书开篇我曾提到，安德鲁·沙利文担心自己会在萨缪尔·莫尔斯开创的这个电子世界里失去自己的人性。"我曾为人。"他写道。我希望数字极简主义能够有助于扭转这种局面，提供一种具有建设性的方式利用前沿科技创新的优点，让人们不再用注意力经济宣扬的那种千篇一律的方式使用技术。并且，营造出一种文化——在这种文化中，对于技术的深刻见解可以让你颠覆沙利文的悲叹，转而充满自信地说："由于科技，我变成了一个更好的人。"

致　谢

2016年的最后几周里，我在巴哈马一座岛屿的荒凉海滩上萌生了写这本书的念头。当时，我已经开始为另一本书做调查研究，那本书的主题截然不同。但正如我在引言中所说，此时我开始收到上一本书（《深度工作》）的读者来信。这些读者正在生活中努力与新技术作斗争。我不禁感到这个主题如此丰富，不容忽视。而人们对它的热烈讨论也表明，这个主题涉及的不只是某些巧妙的技术窍门，而是人类对美好生活的普遍愿望。

处在假期让我有充足的时间，还有一片好几英里长的空荡海滩可供漫步（我们是在旺季之前到达那里的），所以我决定花点工夫，思考一个简单的问题：假如我要著书论述这个主题，那将是一部怎样的作品呢？经过数天的漫步和思索之后，一个令人信服的词语突然浮现在我的脑海中：数字极简主义。从那以后，我便开始疯狂地记笔记，而一种理念的轮廓也逐渐成形。

验证这种理念的第一步就是让我的妻子茱丽来践行。她不仅是我最好的朋友、孜孜不倦地照料着3个孩子的母亲，还是我一切写作事务的首要参谋。她的热情回应激励我不断前行。回到家里，我给劳丽·阿布卡米尔（Laurie Abkemeier）发了一条短信，请她考虑暂停我当时的项目，着手这个新的想法。劳丽长期担任我的文学经纪人,也是我在出版界的导师。劳丽欣然同意,在她的大力帮助下我度过了一段艰难的历程,把那些零散的想法变成了一个重点突出的出版计划,接着巧妙地将这个计划推向出版界,让我的兴奋之情得到共鸣。对于她在这段艰难历程中所做的不懈努力,我深表感激。

当然,我还要感谢波特弗利亚出版社的编辑妮基·帕帕佐普洛斯(Niki Papadopoulos),以及该社的创始人兼出版人阿德里安·扎克海姆(Adrian Zackheim),感谢他们接受这个选题,并且相信本书具有出版的价值。妮基帮助我把手稿变成了一部深刻而令人信服的作品,她对我的指导极其宝贵。同时,感谢薇薇安·罗伯逊(Vivian Roberson),她对手稿提出了精辟的意见,一直以来细心帮助我润色,直到本书出版。最后,感谢负责本书宣传工作的塔拉·吉尔布赖德(Tara Gilbride)。能够与波特弗利亚出版社的团队一起工作是我的一大幸事。身为作家,最美好的经历莫过于此。

注　释

引　言

1. 参见安德鲁·沙利文:《我曾为人》(*I Used to Be a Human Being*),见于《纽约》杂志(*New York*) 2016年9月18日,网址: http://nymag.com/selectall/2016/09/andrew-sullivan-my-distraction-sickness-and-yours.html。
2. 有关杰伦·拉尼尔对注意力市场上消极性占主导地位的更多思考,请参见他自 2018年1月16日以来在"声音"(*Vox*)播客上对以斯拉·克莱因(Ezra Klein)进行的采访,网址: https://www.vox.com/2018/1/16/16897738/jaron-lanier-interview。
3. 参见亨利·戴维·梭罗,《瓦尔登湖——林中生活散记》(*Walden; or, Life in the Woods*),纽约:多佛出版社(Dover Publications),2012,第59页。由于《瓦尔登湖》一书已经进入公版领域,故有许多不同的网络、电子书、有声版和印刷版。我引用多佛出版社的印刷版,目的是提供页码。我从《瓦尔登湖》中选取的所有引文,都与公版文本完全一致(可访问网址: http://www.gutenberg.org/files/205/205-h/205-h.htm)。
4. 参见马可·奥勒留:《沉思录》,格雷戈里·海斯(Gregory Hays)译,纽约:现代文库(Modern Library),2003,第18页。
5. 参见梭罗:《瓦尔登湖》,第4页。

6. 参见梭罗:《瓦尔登湖》,第 5 页。

第一章　一场不平等的军备竞赛

1. 参见"油管"视频"史蒂夫·乔布斯 2007 年苹果手机发布会"(*Steve Jobs iPhone 2007 Presentation*),时长 51 分 18 秒,录制于 2007 年 1 月 9 日,由乔纳森·图雷塔(Jonathan Turetta)于 2013 年 5 月 13 日发布,网址:https://www.youtube.com/watch?v=vN4U5FqrOdQ。
2. 参见"史蒂夫·乔布斯 2007 年苹果手机发布会"。
3. 参见本书作者 2017 年 9 月 7 日对安迪·格里尼翁进行的电话采访。
4. 参见劳伦斯·斯科特:《四维人类:在数字世界中的生存方式》(*The Four-Dimensional Human: Ways of Being in the Digital World*),纽约:诺顿出版社(W. W. Norton),2016,第 xvi 页。
5. 参见"油管"视频"社交媒体是新的尼古丁 | 比尔·马赫的真实时刻(HBO)"(*Social Media is the New Nicotine | Real Time with Bill Maher*),时长 4 分 54 秒,2017 年 5 月 12 日发布,网址:https://www.youtube.com/watch?v=KDqoTDM7tio。
6. 参见安德森·库珀在《60 分钟》节目里对特里斯坦·哈里斯的采访,网址:https://www.cbsnews.com/video/brain-hacking。
7. 参见比安卡·博斯克(Bianca Bosker):《打破放纵的人》(*The Binge Breaker*),《大西洋月刊》2016 年 11 月,网址:https://www.theatlantic.com/magazine/archive/2016/11/the-binge-breaker/501122。
8. 这句话引自"欢乐时光"网站的初期版。该机构已经更名为"人道技术中心"(Center for Humane Technology),有了新的网站和新的宣传推广语，网址：http://humanetech.com。

9. 参见本书作者于2017年8月23日对亚当·奥尔特进行的电话采访。

10. 参见《今日心理学》(*Psychology Today*) 中"药物滥用"下的"成瘾"一条，网址：https://www.psychologytoday.com/basics/addiction，2018年7月11日访问。

11. 参见乔恩·E. 格兰特（Jon E. Grant）、马克·N. 波滕扎（Marc N. Potenza）、阿维夫·魏因施泰因（Aviv Weinstein）、大卫·A. 戈雷利克（David A. Gorelick）：《行为性成瘾导论》(*Introduction to Behavioral Addictions*)，《美国药物与酒精滥用杂志》2010年第36期第5号，第233页—第241页，网址：https://www.ncbi.nlm.nih.gov/pmc/articles/PMC3164585。

12. 参见迈克尔·D. 蔡勒（Michael D. Zeiler）、艾达·E. 普莱斯（Aida E. Price）：《具有可变间隔和持续强化的计划的辨别》(*Discrimination with Variable Interval and Continuous Reinforcement Schedules*)，《心理计量科学》(*Psychonomic Science*) 1965年第3辑，第1—12版，第299页，网址：https://doi.org/10.3758/BF03343147。

13. 参见亚当·奥尔特：《欲罢不能：刷屏时代如何摆脱行为上瘾》(*Irresistible: The Rise of Addictive Technology and the Business of Keeping Us Hooked*)，企鹅出版社（Penguin Press），2017，第128页。

14. 参见保罗·刘易斯（Paul Lewis）：《"我们的思想可能受到劫持"：科技界内部人士担忧智能手机的错位》(*"Our Minds Can Be Hijacked": The Tech Insiders Who Fear a Smartphone Dystopia*)，《卫报》(*Guardian*) 2017年10月6日，网址：https://www.theguardian.com/technology/2017/oct/05/

smartphone-silicon-dystopia。

15. 参见特里斯坦·哈里斯:《技术正在劫持你的大脑》(*How Technology Is Hijacking Your Mind — from a Magician and Google Design Ethicist*),"繁荣全球"(Thrive Global)网站,2016年5月18日,网址:https://medium.com/thrive-global/how-technology-hijacks-peoples-minds-from-a-magician-and-google-s-design-ethicist-56d62ef5edf3。

16. 参见刘易斯:《我们的思想可能受到劫持》。

17. 参见迈克·艾伦(Mike Allen):《肖恩·帕克卸责于"脸书":只有上帝知道它对孩子的大脑有什么影响》(*Sean Parker Unloads on Facebook: "God Only Knows What It's Doing to Our Children's Brains"*),爱可信基金会(Axios),2016年11月9日,网址:https://www.axios.com/sean-parker-unloads-on-facebook-2508036343.html。

18. 参见奥尔特:《欲罢不能》,第217—218页。

19. 若想充分了解人类各类"群体性本能"的演变情况,以及它对我们理解世界所起的核心作用,请参阅乔纳森·海特(Jonathan Haidt)那部颇具启发性的作品《正义之心》(*The Righteous Mind*),纽约:名人出版公司(Pantheon),2012。

20. 参见维克多·勒克森(Victor Luckerson):《点赞经济的兴起》(*The Rise of the Like Economy*),《摇铃》(*The Ringer*)2017年2月5日,网址:https://www.theringer.com/2017/2/15/16038024/how-the-like-button-took-over-the-internet-ebe778be2459。

21. 参见哈里斯:《技术正在劫持你的大脑》。

22. 参见艾伦:《肖恩·帕克卸责于"脸书"》。

第二章　何为数字极简主义

1. 参见列昂尼德·别尔希德斯基（Leonid Bershidsky）:《我是怎样戒除智能手机瘾的——你也可以》,《纽约邮报》2017年9月2日，网址：http://nypost.com/2017/09/02/how-i-kicked-the-smartphone-addiction-and-you-can-too。
2. 本章所引的数字极简主义者案例，都选自他们与作者之间往来的电子邮件。
3. 参见梭罗:《瓦尔登湖》, 第26—27页。
4. 参见梭罗:《瓦尔登湖》, 第59页。
5. 参见梭罗:《瓦尔登湖》, 第39页。
6. 参见弗雷德里克·格鲁:《论行走》,约翰·豪（John Howe）译，伦敦：沃索出版社（Verso）, 2014, 第90页。
7. 参见梭罗:《瓦尔登湖》, 第19页。
8. 参见梭罗:《瓦尔登湖》, 第2页。
9. 参见梭罗:《瓦尔登湖》, 第4页。
10. 参见梭罗:《瓦尔登湖》, 第2页。
11. 参见格鲁:《论行走》, 第90页。
12. 参见比尔·马赫在美国家庭影院频道（HBO）《比尔·马赫的真实时刻》节目中对马克斯·布鲁克斯的采访, 2017年11月17日。
13. 参见《"脸书"的宗旨是什么？》（*What Is Facebook's Mission Statement?*）, 见于"脸书"投资者关系部（Facebook Investor Relations）的"常见问题解答"（FAQs）, 网址：https://investor.fb.com/resources/default.aspx, 2018年7月11日访问。
14. 参见约翰·A. 霍斯泰特勒（John A. Hostetler）:《阿米什社会》（*Amish Society*）, 第4版，巴尔的摩：约翰·霍普金斯大学出版社，1993，第 ix 页。

15. 参见凯文·凯利：《科技想要什么》，纽约：维京出版社（Viking），2010，第 217 页。

16. 参见凯利：《科技想要什么》，第 219 页。

17. 参见凯利：《科技想要什么》，第 218 页。

18. 参见凯利：《科技想要什么》，第 221 页。凯利谈到的，实际上是一个严守戒律的"门诺派"教徒家庭，但由于严守戒律的"门诺派"教徒与标准的阿米什人之间的界限很模糊，故这个例子也适合于我们的论述。

19. 参见杰夫·布拉迪（Jeff Brady）：《阿米什社区并非反对科技，只是考虑更加周到》（Amish Community Not Anti-echnology, Just More Thoughtful），见于《全面考虑》（All Things Considered），美国国家公共电台（NPR），2013 年 9 月 2 日，网址：https://www.npr.org/sections/alltechconsidered/2013/09/02/217287028/amish-community-not-anti-technology-just-more-thoughtful。

20. 参见布拉迪：《阿米什社区并非反对科技，只是考虑更加周到》。

21. 参见凯利：《科技想要什么》，第 218 页。

22. 参见唐纳德·B. 克雷比尔（Donald B. Kraybill）、卡伦·M. 约翰逊–韦纳（Karen M. Johnson-Weiner）、史蒂芬·M. 诺尔特（Steven M. Nolt）：《阿米什人》（The Amish），巴尔的摩：约翰·霍普金斯大学出版社，2013，第 325 页。

23. 参见凯利：《科技想要什么》，第 217 页。

24. 参见《游历实证：阿米什青少年尝试沾染现代恶习》（Rumspringa: Amish Teens Venture into Modern Vices），见于美国国家公共电台的《全国话题》节目（Talk of the Nation），2006 年 6 月 7 日，网址：https://www.npr.org/templates/story/story.

php?storyId=5455572。

25. 欲知阿米什社会的更多详情，包括"条令"的运作和女性相对无权的情况，请参阅大卫·弗里德曼（David Friedman）进行的调查研究，网址 http://www.daviddfriedman.com/Academic/Course_Pages/leagl_systems_very_different_12/Book_Draft/Systems/AmishChapter.html。

26. 参见本书作者 2017 年 12 月 16 日对劳拉进行的电话采访。

第三章　实施一场数字清理

1. 参见艾米丽·科克伦（Emily Cochrane）：《降低网瘾的呼吁：与多点击一下的较量》（*A Call to Cut Back Online Addictions: Pitted Against Just One More Click*），《纽约时报》2018 年 2 月 4 日，网址：https://www.nytimes.com/2018/02/04/us/politics/online-addictions-cut-back-screen-time.html。

2. 这句话以及本章中引用的其他数字清理实验参与者的话语，都选自他们与本书作者在 2017 年 12 月至 2018 年 2 月间的往来邮件。

3. 参见科克伦：《降低网瘾的呼吁》。

第四章　享受独处

1. 参见亨利·李·米勒：《林肯总统传：政治家的责任》（*President Lincoln: The Duty of a Statesman*），纽约：克诺夫出版社（Alfred A. Knopf），2008，第 48 页。

2. 参见米勒：《林肯总统传》，第 49 页。米勒援引的，是参议员布朗宁的日记。欲知更多详情，请参阅《奥维尔·希克曼·布朗宁的日记》(The Diary of Orville Hickman Browning)第1卷。此书由西奥多·加尔文·皮斯(Theodore Calvin Pease)和詹姆斯·G. 兰德尔(James G. Randall)两人编著,斯普林菲尔德(Springfield):伊利诺伊州立历史图书馆(Illinois State Historical Library),1925—1933,第476页。

3. 参见哈罗德·霍尔泽:《亚伯拉罕·林肯的白宫》(Abraham Lincoln's White House),见于《白宫历史》(White House History)2009年春季第25期,网址:https://www.whitehousehistory.org/abraham-lincolns-white-house。

4. 参见霍尔泽:《亚伯拉罕·林肯的白宫》,请参阅第5幅图片。

5. 参见霍尔泽:《亚伯拉罕·林肯的白宫》。

6. 参见马修·平斯克(Matthew Pinsker)在《林肯的圣殿:亚伯拉罕·林肯以及士兵之家》(Lincoln's Sanctuary: Abraham Lincoln and the Soldiers' Home)中引用约翰·弗伦奇的话,纽约:牛津大学出版社(Oxford University Press),2005,第52页。此书属于描述林肯驻跸"士兵之家"那段时间的一种权威的现代史料,建议那些想要更多地了解这一课题的人参阅。

7. 参见作者于2017年10月6日对埃琳·卡尔森·马斯特的采访。

8. 欲知林肯总统将想法记录在碎纸片上这种做法的更多情况,请参阅雅尼娜·卡利(Jeanine Cali):《林肯的解放黑人奴隶宣言——本周最佳图片》(Lincoln's Emancipation Proclamation — Pic of the Week),见于美国国会图书馆的《依法监管:国会法律图书馆馆员》博文(In Custodia Legis: Law Librarians of Congress),2013年5月3日,网址:https://blogs.loc.gov/law/2013/05/lincolns-emancipation-proclamation-pic-of-the-week。

9. 参见大卫·拉特(David Lat)对雷蒙德·M. 卡特利奇(Raymond

M. Kethledge）的采访：《内向思考：对雷蒙德·M. 卡特利奇的采访》（*Lead Yourself First: An Interview with Judge Raymond M. Kethledge*），《超越法律》（*Above the Law*）2017 年 9 月 19 日，网址：http://abovethelaw.com/2017/09/lead-yourself-first-an-interview-with-judge-raymon?m-kethledge/?rf=1。

10. 参见雷蒙德·M. 卡特利奇、迈克尔·S. 欧文（Michael S. Erwin）：《内向思考：通过独处来激发领导力》（*Lead Yourself First: Inspiring Leadership through Solitude*），纽约：美国布鲁姆斯伯利出版社（Bloomsbury USA），2017，第 94 页。

11. 参见卡特利奇、欧文：《内向思考》，第 155 页—第 156 页。

12. 参见卡特利奇、欧文：《内向思考》，抄录自第 163 页。这段引文的初始出处为小马丁·路德·金：《迈向自由：在蒙哥马利的岁月》（*Stride Toward Freedom: The Montgomery Story*），纽约：哈珀兄弟出版公司（Harper & Brothers），1958。

13. 参见戴维·加罗：《钉在十字架上》（*Bearing the Cross*），纽约：莫罗出版社（William Morrow），1986；再版，纽约：莫罗平装出版社（William Morrow Paperbacks），2004，第 57 页。

14. 参见布莱兹·帕斯卡：《帕斯卡思想录》（*Pascal's Pensées*），第 139 则思想（Thought #139）。

15. 参见安东尼·斯托尔：《孤独：回归自我》，1988；再版，纽约：自由出版社（Free Press），第 ix 页。

16. 参见斯托尔：《孤独：回归自我》，第 ix 页。

17. 参见迈克尔·哈里斯：《独处：在拥挤的世界里追寻独特生活》（*Solitude: In Pursuit of a Singular Life in a Crowded World*），纽约：托马斯·邓恩书籍出版社（Thomas Dunne Books），2017，第 40 页。

18. 参见哈里斯:《独处》,第 40 页。

19. 参见哈里斯:《独处》,第 39 页。

20. 参见梅·萨藤:《独居日记》(*Journal of a Solitude*),纽约:诺顿出版社,1992,第 11 页。我首次看到这句引语,是在玛丽亚·波波娃(Maria Popova)的《梅·萨藤论绝望的治疗以及将独处当成自我发现的温床》(*May Sarton on the Cure for Despair and Solitude as the Seedbed for Self-Discovery*),见于"头脑发掘"(*Brain Pickings*)博客,2016 年 10 月 17 日,网址:https://www.brainpickings.org/2016/10/17/may-sarton-journal-of-a-solitude-depression。

21. 选自温德尔·贝里散文《治愈》(*Healing*),《人们的追求是什么:散文集》(*What Are People For?: Essays*),第二版,伯克利(Berkeley):康沃特波伊出版社(Counterpoint),2010,第 11 页。

22. 参见斯托尔:《孤独:回归自我》,第 70 页。

23. 参见梭罗:《瓦尔登湖》,第 34 页。

24. 参见奥尔特:《欲罢不能》,第 13—14 页。

25. 参见奥尔特:《欲罢不能》,第 14 页。

26. 参见《马克·扎克伯格写给"脸书"的一封信:全文》("Facebook's Letter from Mark Zuckerberg — Full Text"),见于《卫报》(*The Guardian*),网址:https://www.theguardian.com/technology/2012/feb/01/facebook-letter-mark-zuckerberg-text。

27. 参见《吞世代、青少年和屏幕:我们一项新调查的发现结果》("Tweens, Teens, and Screens: What Our New Research Uncovers"),常识传媒,2015 年 11 月 2 日,网址:https://www.commonsensemedia.org/blog/tweens-teens-and-screens-

what-our-new-research-uncovers。

28. 参见琼·M. 特文格（Jean M. Twenge）:《智能手机是否毁掉了一代人？》（"Have Smartphones Destroyed a Generation?"），《大西洋月刊》（*The Atlantic*）2017 年 9 月，网址：https://www.theatlantic.com/magazine/archive/2017/09/has-the-smartphone-destroyed-a-generation/534198。
29. 参见特文格:《智能手机是否毁掉了一代人？》。
30. 参见特文格:《智能手机是否毁掉了一代人？》。
31. 参见伯努瓦·德尼泽-刘易斯:《为什么越来越多的美国青少年患有严重的焦虑症？》（"Why Are More American Teenagers Than Ever Suffering from Severe Anxiety?"），《纽约时报杂志》（*The New York Times Magazine*）2017 年 10 月 11 日，网址：https://www.nytimes.com/2017/10/11/magazine/why-are-more-american-teenagers-than-ever-suffering-from-anxiety.html。
32. 参见德尼泽-刘易斯:《为什么越来越多的美国青少年患有严重的焦虑症？》。
33. 参见德尼泽-刘易斯:《为什么越来越多的美国青少年患有严重的焦虑症？》。
34. 参见德尼泽-刘易斯:《为什么越来越多的美国青少年患有严重的焦虑症？》。
35. 参见 W. 巴克斯代尔·梅纳德:《爱默生的"怀曼地块"：梭罗的瓦尔登湖畔小屋被人们遗忘的环境》（"Emerson's Wyman Lot: Forgotten Context for Thoreau's House at Walden"），见于《康科德的漫步者：梭罗研究日志》（*The Concord Saunterer: A Journal of Thoreau Studies*）2004/2005 年第 12/13 号，第 59—84 页，网址：http://www.jstor.org/stable/23395273。引自艾琳·布莱克莫尔（Erin Blakemore）:《亨利·戴维·梭

罗与世隔绝的神话》("The Myth of Henry David Thoreau's Isolation"),见于"西文过刊全文库日报"(*JSTOR Daily*)2015 年 10 月 8 日,网址:https://daily.jstor.org/myth-henry-david-thoreaus-isolation/。

36. 参见《32 部关于格伦·古尔德的短片》(*Thirty Two Short Films about Glenn Gould*),佛朗索瓦·吉拉德(François Girard)执导,塞缪戈温电影公司(Samuel Goldwyn Company),1993。引自哈里斯:《独处》,第 217 页。

37. 参见阿拉莫·达夫豪斯电影院的"简介",网址:https://drafthouse.com/about,2018 年 7 月 14 日访问。

38. 参见布伦特·朗(Brent Lang)对亚当·阿伦(Adam Aron)的采访,《AMC 连锁影院高管对一些影院允许观众收发短信持开明态度》("AMC Executives Open to Allowing Texting in Some Theaters"),见于《综艺》(*Variety*)杂志 2016 年 4 月 13 日,网址:http://variety.com/2016/film/news/amc-texting-theaters-phones-1201752978。

39. 参见霍普·金:《没有手机我也过了 135 天》("I Lived without a Cell Phone for 135 Days"),见于美国有线电视新闻网科技专栏(CNN Tech)2016 年 2 月 13 日,网址:http://money.cnn.com/2015/02/12/technology/living-without-cell-phone/index.html。

40. 参见弗里德里希·尼采:《偶像的黄昏》,1889,格言 34,网址:http://www.lexido.com/ebook_texts/twilight_of_the_idols_.aspx?S=2。

41. 参见尼采:《偶像的黄昏》,格言 34。

42. 参见格鲁:《论行走》,第 16 页。

43. 参见格鲁:《论行走》,第 39—47 页。

44. 参见格鲁在《论行走》第 65 页引用让-雅克·卢梭的话。
45. 参见格鲁：《论行走》，第 65 页。
46. 参见温德尔·贝里：《温德尔·贝里：地方文化工作》（"Wendell Berry: The Work of Local Culture"），见于"逆相农民：吉恩·洛格斯顿纪念博客网"（*The Contrary Farmer: Gene Logsdon Memorial Blogsite*）2011 年 6 月 10 日，网址：https:// thecontraryfarmer.wordpress.com/2011/06/10/wendell-berry-the-work-of-local-culture。
47. 参见亨利·戴维·梭罗：《散步》（"Walking"），见于《大西洋月刊》（*The Atlantic*）1862 年 6 月，网址：https://www.theatlantic.com/magazine/archive/1862/06/walking/304674。
48. 引自格鲁：《论行走》，第 18 页。
49. 参见梭罗：《散步》。
50. 参见卡特利奇和欧文：《内向思考》，第 35 页。
51. 参见卡利：《林肯的解放黑人奴隶宣言》。

第五章　不要点赞

1. 参见"油管"视频"2007 年美国 RPS 冠军赛"（2007 USARPS Title Match），时长 3 分 58 秒，录制于 2007 年 7 月 7 日，由"美国石头剪刀布联盟"发布于 2007 年 10 月 8 日，网址：https://www.youtube.com/watch?v=_eanWnL3FtM。
2. 对于认为比赛结果随机时，高级玩家的水平总是发挥得好于预期的观点，欲知更多情况，请参阅亚历克斯·马亚西（Alex Mayyasi）：《职业石头剪刀布比赛内幕》（"Inside the World of Professional Rock Paper Scissors"），见于"价格一边倒"网站（Priceonomics）2016 年 4 月 26 日，网址：

https://priceonomics.com/the-world-of-competitive-rock-paper-scissors。

3. 参见"油管"视频《街头石头剪刀布》(Street rps), 时长 1 分 24 秒, 由"美国石头剪刀布联盟"发布于 2009 年 1 月 18 日, 网址: https://www.youtube.com/watch?v=6QWPbi3-nlc。

4. 参见亚里士多德:《政治学: 第一卷、第三卷、第四卷(第七卷)》[Politics: Books Ⅰ., Ⅲ., Ⅳ.(Ⅶ.)], W. E. 博兰德(W. E. Bolland)译, 伦敦: 朗曼格林出版公司(Longmans, Green, and Co.), 1877, 第 11 页。

5. 参见戈登·L. 舒尔曼(Gordon L. Shulman)、毛里齐奥·科尔贝塔(Maurizio Corbetta)、兰迪·李·巴克纳(Randy Lee Buckner)、朱莉·A. 菲耶(Julie A. Fiez)、弗朗西斯·M. 米耶津(Francis M. Miezin)、马库斯·E. 雷切勒(Marcus E. Raichle)、史蒂文·E. 彼得森(Steven E. Petersen):《视觉任务中常见的血流改变: 一、血流在皮层下结构和小脑中增加, 而不是在非视觉皮层中增加》("Common Blood Flow Changes across Visual Tasks: I. Increases in Subcortical Structures and Cerebellum but Not in Nonvisual Cortex"), 见于《认知神经科学杂志》1977 年 10 月第 9 期第 5 号, 第 624—647 页, 网址: https://doi.org/10.1162/jocn.1997.9.5.624; 戈登·L. 舒尔曼、朱莉·A. 菲耶、毛里齐奥·科尔贝塔、兰迪·李·巴克纳、弗朗西斯·M. 米耶津、马库斯·E. 雷切勒、史蒂文·E. 彼得森:《视觉任务中常见的血流改变: 二、血流在大脑皮层中减少》("Common Blood Flow Changes across Visual Tasks: Ⅱ. Decreases in Cerebral Cortex"), 见于《认知神经科学杂志》1977 年 10 月第 9 期第 5 号第 648—663 页, 网址: doi:10.1162/jocn.1997.9.5.648。

6. 参见马修·D. 利伯曼（Matthew D. Lieberman）：《社交天性：我们的大脑为何天生适合联系》(*Social: Why Our Brains Are Wired to Connect*)，纽约：克朗出版社（Crown），2013，第16页。

7. 参见利伯曼：《社交天性》，第16页。
8. 参见利伯曼：《社交天性》，第18页。
9. 参见利伯曼：《社交天性》，第18页。
10. 参见利伯曼：《社交天性》，第19页。
11. 参见利伯曼：《社交天性》，第20页。
12. 参见利伯曼：《社交天性》，第15页。
13. 参见凯瑟琳·霍布森（Katherine Hobson）：《觉得孤独？过度使用社交媒体可能就是原因》（"Feeling Lonely? Too Much Time on Social Media May Be Why"），美国国家公共电台（NPR），2017年3月6日，网址：https://www.npr.org/sections/health-shots/2017/03/06/518362255/feeling-too-time-on-social-media-may-be-why。

14. 参见大卫·金斯伯格和莫伊拉·伯克：《难以回答的问题：使用社交媒体对我们有害吗？》（"Hard Questions: Is Spending Time on Social Media Bad for Us?"），"脸书"新闻编辑部（Newsroom），2017年12月15日，网址：https://newsroom.fb.com/news/2017/12/hard-questions-is-spending-time-on-social-media-bad-for-us。

15. 参见金斯伯格和伯克：《难以回答的问题：使用社交媒体对我们有害吗？》。

16. 参见莫伊拉·伯克和罗伯特·E. 克劳特（Robert E. Kraut）：《使用"脸书"与幸福感之间的关系取决于交流类型和联系强度》（"The Relationship Between Facebook Use and Well-

Being Depends on Communication Type and Tie Strength"），见于《计算机媒介通信杂志》（*Journal of Computer-Mediated Communication*）2016 年 7 月第 21 期第 4 号，第 265—281 页，网址：https://doi.org/10.1111/jcc4.12162。

17. 参见芬内·格罗塞·德特斯（Fenne Große Deters）、马蒂亚斯·R. 梅尔（Matthias R. Mehl）：《发帖更新"脸书"状态究竟会增加孤独感还是降低孤独感？一项在线社交网络实验》（"Does Posting Facebook Status Updates Increase or Decrease Loneliness? An Online Social Networking Experiment"），见于《社会心理学和人格科学》2013 年 9 月第 4 期第 5 号，第 579—586 页，网址：https://doi.org/10.1177/1948550612469233。

18. 参见布莱恩·A. 普里马克（Brian A. Primack）、阿里尔·史恩莎（Ariel Shensa）、杰米·E. 斯达尼（Jaime E. Sidani）、伊琳·O. 怀特（Erin O. Whaite）、刘毅林（Liu Yi Lin）、荣大聂（Daniel Rosen）、杰森·B. 科迪兹（Jason B. Colditz）、安娜·拉多维奇（Ana Radovic）、伊丽莎白·米勒（Elizabeth Miller）：《美国年轻人的社交媒体使用情况和感知性社交孤立感》（"Social Media Use and Perceived Social Isolation among Young Adults in the U.S."），见于《美国预防医学杂志》2017 年 7 月第 53 期第 1 号，第 1—8 页，网址：https://doi.org/10.1016/j.amepre.2017.01.010。

19. 参见霍布森：《觉得孤独？》。

20. 参见霍莉·B. 莎克雅（Holly B. Shakya）、尼古拉斯·A. 克里斯塔基斯（Nicholas A. Christakis）：《使用"脸书"与幸福感降低之间的联系：一项纵向研究》（"Association of Facebook Use with Compromised Well-Being: A Longitudinal Study"），见于

《美国流行病学杂志》2017年2月第185期第3号，第203—211页，网址：https://doi.org/10.1093/aje/kww189。

21. 参见莎克雅、克里斯塔基斯：《使用"脸书"与幸福感降低之间的联系：一项纵向研究》，第205—206页。
22. 参见霍布森：《觉得孤独？》。
23. 参见霍布森：《觉得孤独？》。
24. 参见雪莉·特克：《重拾交谈：数字时代中交谈的力量》（*Reclaiming Conversation: The Power of Talk in a Digital Age*），修订版，纽约：企鹅出版社，2016，第3页。
25. 参见特克：《重拾交谈》，第4页。
26. 参见特克：《重拾交谈》，第34页。特克在《重拾交谈》中引用的这段话，出现在2011年1月17日首次播出的《科拜尔报告》节目里。
27. 参见特克：《重拾交谈》，第35页。
28. 参见特克：《重拾交谈》，第25页。
29. 参见特克：《重拾交谈》，第4页。
30. 参见特克：《重拾交谈》，第11页。
31. 参见《"脸书"上那个很棒的按钮（最终变成了"点赞"按钮）的历史》["What's the History of the Awesome Button (That Eventually Became the Like Button) on Facebook?"]，见于"果壳问答网"（Quora），由安德鲁·"波兹"·博斯沃斯（Andrew "Boz" Bosworth）回答，更新于2014年10月16日，网址：https://www.quora.com/Awesome-Button-that-eventually-became-the-Like-button-on-Facebook。
32. 参见陈凯英（Kathy H. Chan）：《点赞》（"I Like This"），见于"脸书"的"注意事项"，2009年2月9日，网址：https://www.facebook.com/notes/facebook/i-like-this/53024537130。

33. 参见作者 2018 年 1 月 26 日对纽豪斯公共传播学院（S.I. Newhouse School of Public Communications）助理教授詹妮弗·格利吉尔的采访。

34. 参见特克:《重拾交谈》, 第 158 页。

35. 参见特克:《重拾交谈》, 第 148 页。

第六章　重拾闲暇时光

1. 参见亚里士多德:《伦理学》, J. A. K. 汤姆森（J. A. K. Thomson）译, 修订版, 纽约: 企鹅出版社, 2004, 第 273 页。

2. 参见亚里士多德:《伦理学》, 第 271 页。

3. 参见基兰·塞蒂亚:《中年哲学指南》(*Midlife: A Philosophical Guide*), 新泽西州普林斯顿（Princeton, NJ）: 普林斯顿大学出版社（Princeton University Press）, 2017, 第 43 页。

4. "内在快乐"是塞蒂亚沿用了约翰·斯图亚特·密尔（John Stuart Mill）的自述；据密尔称, 他通过发现诗歌之美而从抑郁症中康复, 因为诗歌是他可以纯粹为了美而去追求的一种活动。参见塞蒂亚:《中年哲学指南》, 第 40、45 页。

5. 参见哈里斯:《独处》, 第 220 页。

6. 参见哈里斯:《独处》, 第 219 页。

7. 参见《努力不要被娱乐》（"Seek Not to Be Entertained"）, "钱胡子先生"网（博客）, 2017 年 9 月 20 日, 网址: https://www.mrmoneymustache.com/2017/09/20/seek-not-to-be-entertained。

8. 参见《钱胡子先生世界总部大楼简介》（"Introducing The MMM World Headquarters Building"）, "钱胡子先生"网（博客）, 2017 年 8 月 2 日, 网址: http://www.mrmoneymustache.com/2017/08/02/introducing-the-mmm-world-headquarters-

building。

9. 参见《努力不要被娱乐》,"钱胡子先生"网(博客)。
10. 参见作者于2017年12月20日对丽兹·泰晤士的电话采访。
11. 参见《努力不要被娱乐》,"钱胡子先生"网(博客)。
12. 参见西奥多·罗斯福:《勤奋生活》("The Strenuous Life",在汉密尔顿俱乐部发表的演讲),1899年4月10日,网址:http://www.bartleby.com/58/1.html。
13. 参见阿诺德·本涅特:《如何度过每天的24小时》,纽约:怀斯出版社(WM. H. Wise & Co.),1910,第37页。
14. 参见本涅特:《如何度过每天的24小时》,第37页。
15. 参见本涅特:《如何度过每天的24小时》,第66页。
16. 参见本涅特:《如何度过每天的24小时》,第67页。
17. 参见本涅特:《如何度过每天的24小时》,第32—33页。
18. 参见加里·罗戈夫斯基:《手工制作:分心时代,专心创意》(*Handmade: Creative Focus in the Age of Distraction*),夫勒斯诺(Fresno):林登出版社(Linden Publishing),2017,第157页。
19. 参见罗戈夫斯基:《手工制作》,第156页。
20. 参见罗戈夫斯基:《手工制作》,第156页。
21. 参见马修·B. 克劳福德(Matthew B. Crawford):《手艺课上的工匠精神》("Shop Class as Soulcraft"),见于《新亚特兰蒂斯》(*New Atlantis*)2006年夏季刊第13期,第7—24页,网址:https://www.thenewatlantis.com/publications/shop-class-as-soulcraft。
22. 参见罗戈夫斯基:《手工制作》,第177页。
23. 参见戴夫·麦克纳瑞(Dave McNary):《"卡坦岛"的电影和电视项目正在筹备中》("Settlers of Catan Movie, TV Project

in the Works"），见于《综艺》杂志 2015 年 2 月 19 日，网址：https://variety.com/2015/film/news/settlers-of-catan-movie-tv-project-gail-katz-1201437121。

24. 参见大卫·萨克斯：《模拟的复仇：真实事物及真实事物重要的原因》（*The Revenge of Analog: Real Things and Why They Matter*），平装版，纽约：公共事务出版社（PublicAffairs），2017，第 80 页。
25. 参见萨克斯：《模拟的复仇》，第 82 页。
26. 参见萨克斯：《模拟的复仇》，第 83 页。
27. 参见萨克斯：《模拟的复仇》，第 83 页。
28. 参见马特·鲍威尔（Matt Powell）：《球鞋经济学："社交健身"如何改变了体育产业》（"Sneakernomics: How 'Social Fitness' Changed the Sports Industry"），见于《福布斯》（Forbes），2016 年 2 月 3 日，网址：https://www.forbes.com/sites/mattpowell/2016/02/03/sneakernomics-how-social-fitness-changed-the-sports-industry。
29. 参见 F3 网站上的"词典"（Lexicon），网址：http://f3nation.com/lexicon，2018 年 7 月 14 日访问。
30. 参见 F3 网站上的"哪里有 F3"（Where Is F3），网址：https://f3nation.com/workouts，2018 年 7 月 14 日访问。
31. 参见"综合健身"网上的"找到综合健身馆"（Find a Box），网址：https://map.crossfit.com/；统计网（Statista）上的"2003 年至 2017 年间星巴克的全球门店数量"（*Number of Starbucks Stores Worldwide from 2003 to 2017*），网址：https://www.statista.com/statistics/266465/number-of-starbucks-stores-worldwide/；克里斯汀·王（Christine Wang）：《一个健康爱好者何以开创了全球最大的健身潮流》（"How a Health Nut

Created the World's Biggest Fitness Trend"），美国全国广播公司财经频道（CNBC），2016年4月5日，网址：https://www.cnbc.com/2016/04/05/how-crossfit-rode-a-single-issue-to-world-fitness-domination.html。

32. 参见"综合健身"网上的"2017年12月29日星期五"（Friday 171229）当日训练，网址：https://www.crossfit.com/workout/2017/12/29#/comments。

33. 参见史蒂文·库恩（Steven Kuhn）：《"综合健身"的文化：达到最佳健康与健身效果的生活方式》（"The Culture of CrossFit: A Lifestyle Prescription for Optimal Health and Fitness"），伊利诺伊州立大学毕业论文，2013，第12页，网址：https://ir.library.illinoisstate.edu/cgi/viewcontent.cgi?article=1004&context=sta。

34. 格拉斯曼在许多公开场合下都把"综合健身"说成是"一种由一帮摩托党经营的宗教"，比如请参见卡特琳·克利福（Catherine Clifford）：《将"综合健身"变成一种宗教是如何让其无神论创始人格雷格·格拉斯曼大发其财的》（"How Turning CrossFit into a Religion Made Its Atheist Founder Greg Glassman Rich"），美国全国广播公司财经频道，2016年10月11日，网址：https://www.cnbc.com/2016/10/11/how-turning-crossfit-into-a-religion-made-its-founder-atheist-greg-glassman-rich.html。

35. 欲知"鼠标读书俱乐部"的更多情况，请访问网站：https://mousebookclub.com。

36. 参见"鼠标读书俱乐部"在"开拓者"网站进行众筹活动时的"项目简介"，网址：https://www.kickstarter.com/projects/mousebooks/mouse-books。

37. 参见《熟练掌握金属工艺，解锁内心的T先生》（"Unlock

Your Inner Mr. T — by Mastering Metal"），"钱胡子先生"网（博客），2012年4月16日，网址：http://www.mrmoneymustache.com/2012/04/16/unlock-your-inner-mr-t-by-mastering-metal。

38. 参见克劳福德：《手艺课上的工艺精神》。
39. 参见"油管"视频《吉姆·克拉克与约翰·轩尼诗的对话》（"Jim Clark in Conversation with John Hennessey"），时长1小时4分7秒，录制于2013年5月23日，由"斯坦福在线"（stanfordonline）发布于2013年6月26日，网址：https://www.youtube.com/watch?v=gXuOH9B6kTM。
40. 参见"油管"视频《吉姆·克拉克与约翰·轩尼诗的对话》。
41. 参见本杰明·富兰克林：《本杰明·富兰克林自传》（*The Autobiography of Benjamin Franklin*），纽约，1909；古登堡计划，1995，第一部分，网址：http://www.gutenberg.org/files/148/148-h/148-h.htm。

第七章　加入注意力抵抗运动

1. 参见艾略特·施拉格（Elliot Schrage）：《难题简介》（"Introducing Hard Questions"），"脸书"新闻编辑室，2017年6月15日，网址：https://newsroom.fb.com/news/2017/06/hard-questions。
2. 参见罗布·谢尔曼（Rob Sherman）：《难题：我应当对人脸识别技术感到害怕吗？》（"Hard Questions: Should I Be Afraid of Face Recognition Technology?"），"脸书"新闻编辑室，2017年12月19日，网址：https://newsroom.fb.com/news/2017/12/hard-questions-should-i-be-afraid-of-face-recognition-technology。
3. 参见金斯伯格、伯克：《使用社交媒体对我们有害吗？》。

4. 参见金斯伯格、伯克:《使用社交媒体对我们有害吗?》。
5. 关于"注意力经济",请参阅吴修铭:《对我们注意力的争夺》("The Battle for Our Attention"),2016年10月25日,哈佛大学肖伦斯坦中心(Shorenstein Center, Harvard University),文字集锦和"声云"(Soundcloud)音频,时长1小时4分4秒,网址:https://shorensteincenter.org/tim-wu。
6. 参见吴修铭:《对我们注意力的争夺》。
7. 参见亚历克斯·威廉(Alex Wilhelm):《IPO回顾:谷歌就是一台赢利机器》("A Look Back in IPO: Google, the Profit Machine"),见于《科技博客》(*TechCrunch*),2017年7月31日,网址:https://techcrunch.com/2017/07/31/a-look-back-in-ipo-google-the-profit-machine。
8. 参见《美国商业——美国50家最大公司的股票市场资本化》("U.S. Commerce — Stock Market Capitalization of the 50 Largest American Companies"),见于iWeblists网,2018年1月31日访问,网址:http://www.iweblists.com/us/commerce/MarketCapitalization.html。
9. 参见大卫·科恩(David Cohen):《普通人一生中有多少时间花在社交媒体上?(信息图)》["How Much Time Will the Average Person Spend on Social Media During Their Life? (Infographic)"],见于《广告周刊》(*Adweek*),2017年3月22日,网址:http://www.adweek.com/digital/mediakix-time-spent-social-media-infographic。
10. 参见乔治·帕克:《让世界停止运转》("Stop the World"),见于《纽约客》,2010年1月29日,网址:https://www.newyorker.com/news/george-packer/stop-the-world。
11. 参见乔希·康斯廷(Josh Constine):《研究:"脸书"20%的

广告费用如今都投入了移动广告》("Study: 20% of Ad Spend on Facebook Now Goes to Mobile Ads"),见于《科技博客》,2013年1月7日,网址:https://techcrunch.com/2013/01/07/facebook-mobile-ad-spend。

12. 参见埃利斯·汉姆伯格(Ellis Hamburger):《"脸书"的最新统计数据》("Facebook's New Stats"),见于"前沿网",2014年7月23日,网址:https://www.theverge.com/2014/7/23/5930743/facebooks-new-stats-1-32-billion-users-per-month-30-percent-only-use-it-on-their-phones。

13. 参见《广告收入增长继续推动"脸书"》("Ad Revenue Growth Continues to Propel Facebook"),见于"福布斯"的"伟大预测"(Great Speculations)博客,2017年11月2日,网址:https://www.forbes.com/sites/greatspeculations/2017/11/02/ad-revenue-growth-continues-to-propel-facebook/#54b22b2865ed。

14. 欲知"脸书"公司收入分类的详细情况,请参阅(作者撰写本书时)该公司网站上关于其最新季报的摘要,其中表明,移动广告收入的占比如今已经达到了89%,网址:https://investor.fb.com/investor-news/press-release-details/2018/Facebook-Reports-Fourth-Quarter-and-Full-Year-2017-Results/default.aspx。

15. 欲了解"自由"这款软件、其功能、用户数量以及人们对其提高生产效率的研究,请参阅网址:https://freedom.to/about。

16. 参见维杰斯瑞·万卡特拉曼(Vijaysree Venkatraman):《"自由"来之不易》("Freedom Isn't Free"),见于《科学》杂志,2013年2月1日,网址:http://www.sciencemag.org/careers/2013/02/freedom-isnt-free。

17. 参见万卡特拉曼:《"自由"来之不易》。

18. 欲知国际商业机器公司早期历史的更多情况,请参阅网址:

http://www-03.ibm.com/ibm/history/history/year_1890.html。请注意，该公司直到 1924 年才采用"国际商业机器公司"这一名称。
19. 参见巴斯特·海因（Buster Hein）:《苹果公司历史上最佳的 12 个平面广告（画廊）》["12 of the Best Apple Print Ads of All Time (Gallery)"]，见于"苹果迷"网（Cult of Mac），2012 年 10 月 17 日，网址：https://www.cultofmac.com/196454/12-of-the-best-apple-print-ads-of-all-time-gallery。
20. 参见作者于 2018 年 1 月 26 日对纽豪斯公共传播学院助理教授詹妮弗·格利吉尔的电话采访。
21. 参见《慢速媒体宣言》，慢速媒体研究所（Slow Media Institut），网址：http://slow-media-institut.net/manifest。
22. 参见《慢速媒体宣言》，英译版，慢速媒体研究所（Slow Media Institute），网址：http://en.slow-media.net/manifesto。
23. 参见《慢速媒体宣言》。
24. 参见《慢速媒体宣言》。
25. 参见《慢速媒体宣言》。
26. 参见《慢速媒体宣言》。
27. 蒂姆·费里斯（Tim Ferriss）在《每周工作 4 小时：逃离朝九晚五制，处处可安家，变身新富》（*The 4 Hour Workweek: Escape 9—5, Live Anywhere, and Join the New Rich*）一书（纽约：克朗出版社，2007）中，率先普及了"低信息饮食"一词。
28. 主要选自作者与保罗 2015 年 12 月间往来的电子邮件。
29. 参见丹尼尔·克劳夫:《特色手机并非时尚人士的专利》（"Feature Phones Aren't Just for Hipsters"），2015 年 11 月 20 日，网址：http://danielclough.com/feature-phones-arent-just-for-hipsters。
30. 参见弗拉德·萨沃夫:《是时候让非智能手机回归了》，见于"前沿"网，2017 年 1 月 31 日，网址：https://www.theverge.

com/2017/1/31/14450710/bring-back-the-dumb-phone。

31. 欲知"轻云朵机"的更多情况，请参见网站：https://www.thelightphone.com。

32. 参见"轻云朵机"网上的"简介"，网址：https://www.thelightphone.com/about。

33. 参见"轻云朵机"网上的"简介"，网址：https://www.thelightphone.com/about。

结 语

1. 参见西蒙·温彻斯特：《美利坚合众国的缔造者：美国的探险家、发明家、怪人和特立独行者，以及一个不可分割的国家诞生》（*The Men Who United the States: America's Explorers, Inventors, Eccentrics, and Mavericks, and the Creation of One Nation, Indivisible*），纽约：哈珀柯林斯出版社（HarperCollins），2013，第338页。至于对电报的发明及其后续影响的详细情况感兴趣的读者，亦请参阅温彻斯特：《美利坚合众国的缔造者》，第335—357页；汤姆·斯坦迪奇（Tom Standage）：《维多利亚时代的网络：电报和19世纪网络先锋的非凡故事》（*The Victorian Internet: The Remarkable Story of the Telegraph and the Nineteenth Century's On-Line Pioneers*），纽约：沃克出版社（Walker & Co.），1998。

2. 参见温彻斯特：《美利坚合众国的缔造者》，第339页。

3. 参见温彻斯特：《美利坚合众国的缔造者》，第339页。

4. 参见温彻斯特：《美利坚合众国的缔造者》，第347页。

5. 参见温彻斯特：《美利坚合众国的缔造者》，第336页。